INTERNATIONAL
DIODE EQUIVALENTS GUIDE

ALSO BY THE SAME AUTHOR

INTERNATIONAL
DIODE EQUIVALENTS GUIDE

by
ADRIAN MICHAELS

BERNARD BABANI (publishing) LTD
THE GRAMPIANS
SHEPHERDS BUSH ROAD
LONDON W6 7NF
ENGLAND

Although every care has been taken with the preparation of this book, the publishers or author will not be held responsible in any way for any errors that might occur.

© 1982 BERNARD BABANI (publishing) LTD

First Published -- August 1982

British Library Cataloguing in Publication Data
Michaels, Adrian
   International diode equivalents guide (BP108)
   1. Semiconductors – Handbooks, manuals, etc.
   I. Title
   621.3815'2'0212   TK7871.85

   ISBN 0 85934 083 X

Printed and bound in Great Britain by Cox & Wyman Ltd, Reading

NOTES ON USING THIS BOOK

It must be realised by all users of diodes of any sort, that it is impossible to guarantee absolute equivalents.

It should be noted that the equivalents quoted in columns (v) to (vii) of this book, may possibly differ slightly in electrical and/or mechanical characteristics to those shown in column (i). Also please note that near equivalents are marked with an asterick (*) or are shown in parenthesis ( ).

It is therefore recommended, especially in critical circuits or those where space is critical, to check against the original the detailed electrical and mechanical characteristics of possible equivalent diodes by using the manufacturers' current specification or data sheets, before a substitution is made.

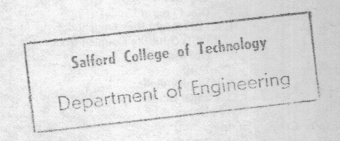

KEY TO TABLES

TYPE	1	2	3	EUROPEAN	AMERICAN	JAPANESE
(i)	(ii)	(iii)	(iv)	(v)	(vi)	(vii)*

(* only shown on certain pages)

(i)   Alpha-numerical diode index

(ii)   Material   G = Germanium
                         S = Silicon

(iii)   Type of diode or function
                         C = Thyristor (SCR)
                         D = Diac (Trigger Diode)
                         L = LED (Light Emitting Diode)
                         O = OCI (Optically Coupled Isolator)
                         P = Photo-diode
                         T = Triac
                         V = Display diode
                         Z = Zener diode

(iv)   Country of origin
                         A = America
                         E = Europe
                         J = Japan

(v)   Possible European equivalents

(vi)   Possible American equivalents

(vii)   Possible Japanese equivalents

TYPE	1	2	3	EUROPEAN		AMERICAN	
A23	S		A	(BAY63)			
A50	S		A	(SSiB0120)			
A51	S		A	(SSiB0110)			
A100	S		A			IN4002	
A300	S		A			IN4004	
A400	S		A			IN4004	
A500	S		A			IN4005	
A600	S		A			IN4005	
A800	S		A			IN4006	
A1000	S		A			IN4007	
A01001		T	A			TIC206B	
A01002		T	A			TIC206B	
A01003		T	A			TIC206D	
A01004		T	A			TIC206D	
A01021		T	A			TIC216B	
A01022		T	A			TIC216D	
A01061		T	A			TIC226B	
A01062		T	A			TIC226D	
A01101		T	A			TIC236B	
A01102		T	A			TIC236D	
A01141		T	A			TIC246B	
A01142		T	A			TIC246D	
A01181		T	A			TIC253B	
A01182		T	A			TIC253D	
A03001		T	A			TIC206B	
A03002		T	A			TIC206B	
A03003		T	A			TIC206D	
A03004		T	A			TIC206D	
A2K5	S		E	BY127			
A2K9	S		E	BY127			
A2K4	S		E	BY127			
A4/10	G		A	AA118			
A5/2	G		A	AA116			
A5/4	G		A	AA116			
A5/5	G		A	AA119			
A5/6	G		A	AA118			
A5/62	G		A	AA115			
A5/105	G		A	AA113 GEP			
AA100		C	A			2N3002	
AA101		C	A			2N3003	
AA103		C	A			2N1598	
AA107		C	A			2N3002	
AA108		C	A			TIC39A	
AA110		C	A			2N1598	
AA111	G		E	0A79	AA119		
AA112	G		E	0A90	AA119		
				AA116			
AA113	G		E	AA119			
AA114		C	A			2N3002	
AA114	G		E	AA119			
AA115		C	A			2N3007	
AA116	G		E	0A90		IN87A	
AA117		C	A			2N1598	
AA117	G		E	0A95		IN618	
AA118	G		E	AAY11	0A91	IN618	
				0A95			
AA121	G		E	0A90			
AA123	G		E	0A90			
AA130	G		E	0A90			
AA131	G		E	AA119	AA116		
AA132	G		E	0A91	0A95	IN618	
				AA118			
AA133	G		E	0A85	0A91		
				AA118			
AA134	G		E	0A91	AA113		
AA135	G		E	AAZ17			
AA136	G		E	AAZ17			
AA137	G		E	AA119			
AA138	G		E	0A91			
AA139	G		E	AAZ18			
AA140	G		E	0A90			
AA142	G		E	AA119			
AA143	G		E	AA119			
AA144	G		E	AAZ15			
AA200	S		A			(IN4003)	
AA300	S		A			(IN4004)	
AA400	S		A			(IN4004)	

TYPE	1	2	3	EUROPEAN		AMERICAN	
AA500	S		A			(IN4005)	
AA600	S		A			(IN4005)	
AA800	S		A			(IN4006)	
AA1000	S		A			(IN4007)	
AAY12	G		E	AAZ15	AAY14		
AAY13	G		E	AAZ17			
AAY14	G		E	AAZ15			
AAY15	G		E	BAY39	AAY20		
AAY21	G		E	0A90	AAY27		
AAY21	G		E	BAX13			
AAY27	G		E	BAY38	AAY17		
AAY28	G		E	AAZ15			
AAY30	G		E	AAZ17			
AAY32	G		E	AAZ17	AAY27		
AAY33	G		E	AAZ18			
AAY41	G		E	AAZ17			
AAY47	G		E	0A91			
AAY49	G		E	AAZ17			
AAY53	G		E	0A90			
AAY54	G		E	0A90			
AAY55	G		E	0A90			
AAZ10	G		E	AAY11	0A91		
				AAY27			
AAZ12	G		E	BAX12	BAX78		
AAZ13	G		E	AAZ18	BAX13		
AAZ14	G		E	AAY43		TIC39F	
AB50	S		A	(SSiC1120)			
AB100	S		A	(SSiC1120)			
AB200	S		A	(SSiC1120)			
AB300	S		A	(SSiC1120)			
AB400	S		A	(SSiC1140)			
AB500	S		A	(SSiC1140)			
AB600	S		A	(SSiC1140)			
AB800	S		A	(SSiC1160)			
AB1000	S		A	(SSiC1180)			
AC30	S		E	BAY44	(BAY60)		
AC50	S		E	BAY44		(IN3604)	
AC150	S		E	BAY45			
AD10	S		E	(BA117)			
AD30	S		E	(BA127)			
AD50	S		E	(BA127)	(BA127D)		
AD100		C	A			TIC39F	
AD100	S		E	(BAY45)			
AD101		C	A			TIC39A	
AD103		C	A			TIC106C	
AD107		C	A			TIC39F	
AD108		C	A			TIC39A	
AD110		C	A			2N1598	
AD110		C	A			2N1598	
AD111		C	A			TIC106C	
AD114		C	A			TIC39F	
AD115		C	A			TIC39A	
AD117		C	A			2N1598	
AD118		C	A			TIC106D	
AD150	S		E	(BAY45)			
AD200	S		E	(BAY46)			
AE1A	S		A			(IN4001)	
AE1B	S		A			(IN4002)	
AE1C	S		A			(IN4003)	
AE1D	S		A			(IN4004)	
AE1E	S		A			(IN4005)	
AE1F	S		A			(IN4006)	
AE1G	S		A			(IN4007)	
AE10	S		E	(BA117)			
AE30	S		E	BAY61		(IN3604)	
AE50	S		E	BAY61			
AE100	S		E	TU9	(BAY45)		
AE101	S		E	TU7			
AE150	S		E	(BAY45)			
AE200	S		E	(BAY46)			
AM005	S		A			(IN4001)	
AM010	S		A			(IN4002)	
AM015	S		A			(IN4003)	
AM020	S		A			(IN4003)	
AM025	S		A			(IN4004)	
AM030	S		A			(IN4004)	

TYPE	1	2	3	EUROPEAN		AMERICAN	
AM035	S		A			(IN4004)	
AM040	S		A			(IN4004)	
AM050	S		A			(IN4005)	
AM060	S		A			(IN4005)	
AM405	S		A			(IN4001)	
AM410	S		A			(IN4002)	
AM415	S		A			(IN4003)	
AM420	S		A			(IN4003)	
AM425	S		A			(IN4004)	
AM430	S		A			(IN4004)	
AM435	S		A			(IN4004)	
AM440	S		A			(IN4004)	
AM450	S		A			(IN4005)	
AM460	S		A			(IN4005)	
AZ3,3		Z	E	BZX30C3V3	BZX97C3V3		
AZ3,6		Z	E	BZX30C3V6	BZX97C3V6		
AZ3,9		Z	E	BZX30C3V9	BZX97C3V9		
AZ4,3		Z	E	BZX30C4V3	BZX97C4V3		
AZ4,7		Z	E	BZX30C4V7	BZX97C4V7		
AZ5,1		Z	E	BZX30C5V1	BZX97C5V1		
AZ5,6		Z	E	BZX30C5V6	BZX97C5V6		
AZ6,2		Z	E	BZX30C6V2	BZX97C6V2		
AZ6,8		Z	E	BZX30C6V8	BZX97C6V8		
AZ7,5		Z	E	BZX30C7V5	BZX97C7V5		
AZ8,2		Z	E	BZX30C8V2	BZX97C8V2		
AZ9,1		Z	E	BZX30C9V1	BZX97C9V1		
AZ10		Z	E	BZX30C10	BZX97C10		
AZ11		Z	E	BZX30C11	BZX97C11		
AZ12		Z	E	BZX30C12	BZX97C12		
AZ13		Z	E	BZX30C13	BZX97C13		
AZ15		Z	E	BZX30D15	BZX97C15		
AZ15A		Z	E	BZX30C15			
AZ18		Z	E	BZX30D18	BZX97C18		
AZ18A		Z	E	BZX30C18			
AZ22		Z	E	BZX30D22	BZX97C22		
AZ22A		Z	E	BZX30C22			
AZ27		Z	E	BZX30D27	BZX97C27		
AZ27A		Z	E	BZX30C27			
AZ746		Z	A	(BZX97-C3V3)			
AZ746A		Z	A	(BZX97-C3V3)			
AZ747		Z	A	(BZX97-C3V6)			
AZ747A		Z	A	(BZX97-C3V6)			
AZ748		Z	A	(BZX97-C3V9)			
AZ748A		Z	A	(BZX97-C3V9)			
A2749		Z	A	(BZX97-C4V3)			
AZ849A		Z	A	(BZX97-C4V3)			
AZ750		Z	A	(BZX97-C4V7)			
AZ750A		Z	A	(BZX97-C4V7)			
AZ751		Z	A	(BZX97-C5V1)			
AZ751A		Z	A	(BZX97-C5V1)			
AZ752		Z	A	(BZX97-C5V6)			
AZ752A		Z	Z	(BZX97-C5V6)			
AZ753		Z	A	(BZX97-C6V2)			
AZ753A		Z	A	(BZX97-C6V2)			
AZ754		Z	A	(BZX97-C6V8)			
AZ754A		Z	A	(BZX97-C6V8)			
AZ755		Z	A	(BZX97-C7V5)			
AZ755A		Z	A	(BZX97-C7V5)			
AZ756		Z	A	(BZX97-C8V2)			
AZ756A		Z	A	(BZX97-C8V2)			
AZ757		Z	A	(BZX97-C9V1)			
AZ757A		Z	A	(BZX97-C9V1)			
AZ758		Z	A	(BZX97-C10)			
AZ758A		Z	A	(BZX97-C10)			
AZ759		Z	A	(BZX97-C12)			
AZ759A		Z	A	(BZX97-C12)			
AZ957		Z	A	(BZX83-C6V8)			
AZ957A		Z	A	(BZX83-C6V8)			
AZ957B		Z	A	(BZX97-C6V8)			
AZ958		Z	A	(BZX83-C7V5)			
AZ958A		Z	A	(BZX83-C7V5)			
AZ958B		Z	A	(BZX97-C7V5)			
AZ959		Z	A	(BZX83-C8V2)			
AZ959A		Z	A	(BZX83-C8V2)			
AZ959B		Z	A	(BZX97-C8V2)			

TYPE	1	2	3	EUROPEAN		AMERICAN	
AZ960		Z	A	(BZX83-C9V1)			
AZ960A		Z	A	(BZX83-C9V1)			
AZ960B		Z	A	(BZX97-C9V1)			
AZ961		Z	A	(BZX83-C10)			
AZ961A		Z	A	(BZX83-C10)			
AZ961B		Z	A	(BZX97-C10)			
AZ962		Z	A	(BZX83-C11)			
AZ962A		Z	A	(BZX83-C11)			
AZ962B		Z	A	(BZX97-C11)			
AZ963		Z	A	(BZX83-C12)			
AZ963A		Z	A	(BZX83-C12			
AZ963B		Z	A	(BZX97-C12)			
AZ964		Z	A	(BZX83-C13)			
AZ964A		Z	A	(BZX83-C13)			
BZ964B		Z	A	(BZX97-C13)			
AZ965		Z	A	(BZX83-C15)			
AZ965A		Z	A	(BZX83-C15)			
AZ965B		Z	A	(BZX97-C15)			
AZ966		Z	A	(BZX83-C16)			
AZ966A		Z	A	(BZX83-C16)			
AZ966B		Z	A	(BZX97-C16)			
AZ967		Z	A	(BZX83-C18)			
AZ967A		Z	A	(BZX83-C18)			
AZ967B		Z	A	(BZX97-C18)			
AZ968		Z	A	(BZX83-C20)			
AZ968A		Z	A	(BZX83-C20)			
AZ968B		Z	A	(BZX97-C20)			
AZ969		Z	A	(BZX83-C22)			
AZ969A		Z	A	(BZX83-C22)			
AZ969B		Z	A	(BZX97-C22)			
A2970		Z	A	(BZX83-C24)			
AZ970A		Z	A	(BZX83-C24)			
AZ970B		Z	A	(BZX97-C24)			
AZ971		Z	A	(BZX83-C27)			
AZ971A		Z	A	(BZX83-C27)			
AZ971B		Z	A	(BZX97-C27)			
AZ972		Z	A	(BZX83-C30)			
AZ972A		Z	A	(BZX83-C30)			
AZ972B		Z	A	(BZX97-C30)			
AZ973		Z	A	(BZX83-C33)			
AZ973A		Z	A	(BZX83-C33)			
A2973B		Z	A	(BZX97-C33)			
AZ974		Z	A	(BZX83-C36)			
AZ974A		Z	A	(BZX83-C36)			
AZ974B		Z	A	(BZX97-C36)			
B1A1	S		A	(BAY44)			
B1A5	S		A	(BAY44)			
B1A9	S		A	(BAY44)			
B1B1	S		A	BAY45		(IN4002)	
B1B5	S		A	SSiB3010	BAY45		
B1B9	S		A	BAY45		(IN4002)	
B1C1	S		A	BAY46		(IN4003)	
B1C5	S		A	BAY46		(IN4003)	
B1C9	S		A	BAY46		(IN4003)	
B1D1	S		A	BAY46		(IN4004)	
B1D5	S		A	BAY46		(IN4004)	
B1D9	S		A	BAY46		(IN4004)	
B1E1	S		A			(IN4004)	
B1E5	S		A			(IN4004)	
B1E9	S		A			(IN4004)	
B1F1	S		A			(IN4005)	
B1F5	S		A			(IN4005)	
B1F9	S		A			(IN4005)	
B1G1	S		A			(IN4005)	
B1G5	S		A			(IN4005)	
B1G9	S		A			(IN4005)	
B1H1	S		A			(IN4006)	
B1N5	S		A			(IN4006)	
B1N9	S		A			(IN4006)	
B1K1	S		A			(IN4006)	
B1K5	S		A			(IN4006)	
B1K9	S		A			(IN4006)	
B1M1	S		A			(IN4007)	
B1M5	S		A			(IN4007)	
B1M9	S		A			(IN4007)	

TYPE	1	2	3	EUROPEAN	AMERICAN	
B1N1	S		A		(IN4007)	
B1N5	S		A		(IN4007)	
B1N9	S		A		(IN4007)	
B2A1	S		A		(IN4001)	
B2A5	S		A		(IN4001)	
B2A9	S		A		(IN4001)	
B2B1	S		A		(IN4002)	
B2B5	S		A		(IN4002)	
B2B9	S		A		(IN4002)	
B2C1	S		A		(IN4003)	
B2C5	S		A		(IN4003)	
B2C9	S		A		(IN4003)	
B2D1	S		A		(IN4004)	
B2D5	S		A		(IN4004)	
B2D9	S		A		(IN4004)	
B2E1	S		A		(IN4004)	
B2E5	S		A		(IN4004)	
B2E9	S		A		(IN4004)	
B2F1	S		A		(IN4005)	
B2F5	S		A		(IN4005)	
B2F9	S		A		(IN4005)	
B2G1	S		A		(IN4005)	
B265	S		A		(IN4005)	
B269	S		A		(IN4005)	
B2H1	S		A		(IN4006)	
B2N5	S		A		(IN4006)	
B2H9	S		A		(IN4006)	
B2K1	S		A		(IN4006)	
B2K5	S		A		(IN4006)	
B2K9	S		A		(IN4006)	
B2M1	S		A		(IN4007)	
B2M5	S		A		(IN4007)	
B2M9	S		A		(IN4007)	
B2N1	S		A		(IN4007)	
B2N5	S		A		(IN4007)	
B2N9	S		A		(IN4007)	
B3A1	S		A		(IN4001)	
B3A5	S		A		(IN4001)	
B3A9	S		A		(IN4001)	
B3B1	S		A		(IN4002)	
B3B5	S		A		(IN4002)	
B3B9	S		A		(IN4002)	
B3C1	S		A		(IN4003)	
B3C5	S		A		(IN4003)	
B3C9	S		A		(IN4003)	
B3D1	S		A		(IN4004)	
B3D5	S		A		(IN4004)	
B3D9	S		A		(IN4004)	
B3E1	S		A		(IN4004)	
B3E5	S		A		(IN4004)	
B3E9	S		A		(IN4004)	
B3F1	S		A		(IN4005)	
B3F5	S		A		(IN4005)	
B3F9	S		A		(IN4005)	
B3G1	S		A		(IN4005)	
B3G5	S		A		(IN4005)	
B3G9	S		A		(IN4005)	
B3H1	S		A		(IN4006)	
B3H5	S		A		(IN4006)	
B3H9	S		A		(IN4006)	
B3K1	S		A		(IN4006)	
B3K5	S		A		(IN4006)	
B3K9	S		A		(IN4006)	
B3M1	S		A		(IN4007)	
B3M5	S		A		(IN4007)	
B3M9	S		A		(IN4007)	
B3N1	S		A		(IN4007)	
B3N5	S		A		(IN4007)	
B3N9	S		A		(IN4007)	
B4A1	S		A		(IN4001)	
B4A5	S		A		(IN4001)	
B4A9	S		A		(IN4001)	
B4B1	S		A		(IN4002)	
B4B5	S		A		(IN4002)	
B4B9	S		A		(IN4002)	

TYPE	1	2	3	EUROPEAN	AMERICAN
B4C1	S		A		(IN4003)
B4C5	S		A		(IN4003)
B4C9	S		A		(IN4003)
B4D1	S		A		(IN4004)
B4D5	S		A		(IN4004)
B4D9	S		A		(IN4004)
B4E1	S		A		(IN4004)
B4E5	S		A		(IN4004)
B4E9	S		A		(IN4004)
B4F1	S		A		(IN4005)
B4F5	S		A		(IN4005)
B4F9	S		A		(IN4005)
B4G1	S		A		(IN4005)
B4G5	S		A		(IN4005)
B4G9	S		A		(IN4005)
B4H1	S		A		(IN4006)
B4H5	S		A		(IN4006)
B4H9	S		A		(IN4006)
B4K1	S		A		(IN4006)
B4K5	S		A		(IN4006)
B4K9	S		A		(IN4006)
B4M1	S		A		(IN4007)
B4M5	S		A		(IN4007)
B4M9	S		A		(IN4007)
B4N1	S		A		(IN4007)
B4N5	S		A		(IN4007)
B4N9	S		A		(IN4007)
B5A1	S		A		(IN4001)
B5A5	S		A		(IN4001)
B5A9	S		A		(IN4001)
B5B1	S		A		(IN4002)
B5B5	S		A		(IN4002)
B5B9	S		A		(IN4002)
B5C1	S		A		(IN4003)
B5C5	S		A		(IN4003)
B5C9	S		A		(IN4003)
B5D1	S		A		(IN4004)
B5D5	S		A		(IN4004)
B5D9	S		A		(IN4004)
B5E1	S		A		(IN4004)
B5E5	S		A		(IN4004)
B5E9	S		A		(IN4004)
B5F1	S		A		(IN4005)
B5F5	S		A		(IN4005)
B5F9	S		A		(IN4005)
B5G1	S		A		(IN4005)
B5G5	S		A		(IN4005)
B5G9	S		A		(IN4005)
B5H1	S		A		(IN4006)
B5H5	S		A		(IN4006)
B5H9	S		A		(IN4006)
B5K1	S		A		(IN4006)
B5K5	S		A		(IN4006)
B5K9	S		A		(IN4006)
B5M1	S		A		(IN4007)
B5M5	S		A		(IN4007)
B5M9	S		A		(IN4007)
B5N1	S		A		(IN4007)
B5N5	S		A		(IN4007)
B5N9	S		A		(IN4007)
B01021		C	A		TIC106B
B01022		C	A		TIC106B
B01023		C	A		TIC106B
B01024		C	A		TIC106D
B01025		C	A		TIC106D
B01026		C	A		TIC106D
B01051		C	A		TIC116B
B01052		C	A		TIC116B
B01053		C	A		TIC116D
B01054		C	A		TIC116D
B01055		C	A		TIC116M
B01056		C	A		TIC116M
B01071		C	A		TIC126B
B01072		C	A		TIC126B
B01073		C	A		TIC126D

TYPE	1	2	3	EUROPEAN		AMERICAN	
B01074		C	A			TIC126D	
B01075		C	A			TIC126M	
B01076		C	A			TIC126M	
B01091	·	C	A			TIC126B	
B01092		C	A			TIC126B	
B01093		C	A			TIC126D	
B01094		C	A			TIC126D	
B01095		C	A			TIC126M	
B01096		C	A			TIC126M	
B03001		C	A			TIC106B	
B03002		C	A			TIC106B	
B03003		C	A			TIC106B	
B03004		C	A			TIC106D	
B03005		C	A			TIC106D	
B03006		C	A			TIC106D	
B04001		C	A			TIC39B	
B04002		C	A			TIC39B	
B04003		C	A			TIC39B	
B04004		C	A			TIC39B	
B04005		C	A			TIC39D	
B04006		C	A			TIC39D	
B04021		C	A			TIC106B	
B04022		C	A			TIC106B	
B04023		C	A			TIC106B	
B04024		C	A			TIC106D	
B04025		C	A			TIC106D	
B04026		C	A			TIC106D	
B05001		C	A			TIC116B	
B05002		C	A			TIC116B	
B05003		C	A			TIC116D	
B05004		C	A			TIC116D	
B05005		C	A			TIC116M	
B05005		C	A			TIC116M	
B05021		C	A			TIC126B	
B05022		C	A			TIC126B	
B05023		C	A			TIC126D	
B05024		C	A			TIC126D	
B05025		C	A			TIC126M	
B05026		C	A			TIC126M	
B05044		C	A			TIC126B	
B05042		C	A			TIC126B	
B05043		C	A			TIC126D	
B05044		C	A			TIC126D	
B05045		C	A			TIC126M	
B05046		C	A			TIC126M	
B2K5	S		E	BY127			
B2K9	S		E	BY127			
B150		C	A			2N3005	
B151		C	A			2N3006	
B152		C	A			2N3007	
BA100	S		E	BA127D / BA127	BAX16 / BAY18	IN457	
BA101	S		E	BA102	(BA138)		
BA102	S		E	BB103	(BB104)		
BA103	S		E	OA200 / BAY17	AAZ18	FDH900	
BA104	S		E	BAX16	BAY19		
BA105	S		E	BA145	BAY21		
BA108	S		E	OA202 / BAY18	BAX18	FDH999 / IS920	IN483
BA109	S		E	(BB103)			
BA110	S		E	BB1056	(BA138gn)		
BA110G	S		E	BB1056			
BA111	S		E	BA102			
BA114	S		E	BA117	BA180	FDH999	IN251
BA115	S		E	BAY19	(BAY45)	FDH400	IN484
BA116	S		E	BA167			
BA117	S		E	BAY17			
BA119	S		E	BA102	(BB104)		
BA120	S		E	BB1056	BA138		
BA121	S		E	BB106			
BA122	S		E	BAY19	BAY45	IN484	IS921
BA124	S		E	BA102BL			
BA125	S		E	BA1026B			
BA127	S		E	BAX13	BA209	FDH444	IN4148
BA128	S		E	BAX16 / BAW76	BAY18	IN483	

TYPE	1	2	3	EUROPEAN		AMERICAN	
BA129	S		E	BA148 BAY46	BAY20	IN485	
BA130	S		E	BAX13 BA167	BAW75 BA127D	IN251	
BA133	S		E	BA133F			
BA136	S		E	BA182			
BA137	S		E	BAX16 BA195	BAY72 BAV20	IN3070	
BA139	S		E	(BB105A)			
BA140	S		E	(BB105G)			
BA141	S		E	(BB105A)	BA139		
BA142	S		E	(BB105G)	BA139		
BA143U	S		E	BA182		IN482	
BA143V	S		E	BA182			
BA145	S		E	BA184	(BAY46)	IN487	
BA147	S		E	BA127 (BA117)	BA127D		
BA147/25	S		E	BAV17	BA127	FDH900	
BA147/50	S		E	BAX13 BA127	BAV18	IN457	
BA147/100	S		E	BAV19 BAX16 BAY45	BAY45	FDH444	
BA147/150	S		E		BAV20	FDH400	
BA147/230	S		E	BAX17 BAY46	BAV21		
BA147/300	S		E	BA145 BAY46	BA184		
BA148	S		E	BA184	BAY46	IN487	
BA149	S		E	BB1056	BA139		
BA150		C	A			2N3005	
BA150	S		E	BA102			
BA151		C	A			2N3006	
BA151	S		E			FDH999	
BA152	S		E	BA182			
BA152		C	A			2N3007	
BA153	S		E	BA167	BA153	FDH900	IN462
BA157	S		E	BA185		(IN4004)	
BA158	S		E			(IN4005)	
BA159	S		E			(IN4007)	
BA161	S		E	BB105A			
BA162	S		E	BB1056			
BA163	S		E	BB13	BB113		
BA164	S		E	BAY61 BA127D	BA127 (BA117)		
BA165	S		E	BA182			
BA166	S		E	BA127D	BAY61	IN251	
BA167	S		E	BAY61	BA127D	IN251	
BA168	S		E	BAY61	BA127D	IN4148	
BA169	S		E	BA181B	BA181C		
BA170	S		E	BAY41 BAY17 BAY61	BAY42 BA127D	FDH900	IN3069
BA173	S		E	BA145 BA184	BAY46		
BA174	S		E	BA182	(BAW75)	IN3604 IN4154	FDH900
BA175	S		E	BAV10 (BAW76)	BAV18	IN4150	
BA176	S		E	OA91	BAY19	IN484	
BA177	S		E	(BA182) BA136	BAY18	FDH900	IN483
BA178	S		E	BA136	(BA182)		
BA179	S		E			FDH900	
BA180	S		E	(BA117)	(BA127D)	FDH999	IN625
BA181	S		E	BAY61 (BA127D)	(BA127)	IN251	
BA182	S		E	BA136			
BA184	S		E	BA145		(IN4004)	
BA185	S		E	BA145		(IN4005)	
BA186	S		E	BA145		(IN4005)	
BA187	S		E	BA136 (BAY42)	(BA127) (BAW76)	IN4151	IS920
BA188	S		E	BAX18		IS921	
BA189	S		E	BAX16		IS922	
BA190	S		E	BAX17		IS923	
BA195	S		E	BAX17		IN3070	
BA196	S		E	BAV20			

TYPE	1	2	3	EUROPEAN		AMERICAN	
BA197	S		E			IN3070	
BA198	S		E			IN3070	
BA199-250	S		E	(BAY46)			
BA200	S		E	(BAY61)	BAW75		
BA201	S		E	BAW76			
BA202	S		E	BAW76	BAY61		
BA204	S		E	BAW76	(BAY42)		
BA209	S		E	BAW62	BAY61	IN4148	
				BA127D			
BA210	S		E	(BAY61)		IN4149	
BA211	S		E	BAX13	(BAY61)	IN4446	
BA212	S		E	(BAY61)		IN4447	
BA213	S		E	BAW76		IN4448	
BA214	S		E	BAX13	BAW76	IN4449	
BA215	S		E	BA127D	(BA127)		
				(BAY61)			
BA216	S		E	(BA117)	(BA127D)		
BA217	S		E	(BA127)	(BA127D)		
				(BAY61)			
BA218	S		E	(BA127)	(BAY42)		
BA220	S		E	(BAW75)			
BA221	S		E	BAW75			
BA222	S		E	BAW76	(BAY61)		
				(BA127D)			
BA243	S		E	(BA182)	BA136		
BA244	S		E	(BA182)			
BA316	S		E	BAW75			
BA317	S		E	BAW75			
BA318	S		E	BAW76			
BAV10	S		E	BAV24	BAY42	IN4150	
BAV12	S		E	(BAY43)		IN4607	
BAV13	S		E	BAY42		IN4607	
BAV17	S		E	BAX18	(BAW75)		
				(BAY63)			
BAV18	S		E	BAX18	BAW76		
BAV19	S		E	BAX16			
BAV20	S		E	BAX16		IN3070	
BAV21	S		E	BA148			
BAV24	S		E	(BAW76)	(BAY42)	IN4607	
BAV54-30	S		E	BAW75			
BAV54-70	S		E	BAW76			
BAV70	S		E	BAV74			
BAW10	S		E	BAY18		IN4150	IS920
BAW10-TF20	S		E	BAY42	(BAY44)		IS920
BAW11	S		E	BAY19		FDH444	
BAW11-TF21	S		E	(BAY45)			
BAW12	S		E	BAY20		FDH400	IS922
BAW12-TF22	S		E	(BAY45)			
BAW13	S		E	BAY20		IN458B	IS923
BAW13-TF23	S		E	(BAY46)			
BAW14-TF24	S		E	(BAY46)			
BAW14	S		E	(BAY46)			
BAW15	S		E	BA185			
BAW16	S		E	BAV20		FDH400	IS923
BAW17	S		E			(IN3595	IN485
						IN485B	
						IS923	
BAW18	S		E			IS923	
BAW24	S		E	BAV10	BAV13	FDH999	
BAW25	S		E	BAV10	BAV13	FDH900	
BAW26	S		E	BAV10	BAX82	FDH999	
BAW27	S		E	BAV10	BAV13	FDH900	
BAW28	S		E	BAX82			
BAW32A	S		E	BAV21	(BAY46)		
BAW32B	S		E	BAV20	(BAY45)		
BAW32C	S		E	BAV19	(BAY45)		
BAW32D	S		E	BAV18	(BAY44)		
BAW32E	S		E	BAV17	(BAY44)		
				(BA127)			
BAW33	S		E	BAX12	BAX81	FDH600	
				BAW37	(BAY43)		
BAW43	S		E	BAV20		IN3595	
BAW45	S		E	BA209	BAY60	FDH999	IN4154
BAW46	S		E	BA209	BAY63	FDH600	IN4148
						IN3604	
BAW47	S		E	BA209		IN4148	
BAW48	S		E	BAV18	BAY63	FDH666	IN4151
BAW49	S		E	BAV19		FDH444	IN4148
BAW50	S		E	BAV195		FDH406	IN3070
BAW51	S		E	BAY73	BA209	IN4148	
				BAY43			

TYPE	1	2	3	EUROPEAN		AMERICAN	
BAW52	S		E			FDH400	IN3070
BAW53	S		E	BA214	FDH999	IN4449	
				BAY60			
BAW54	S		E	BA209	(BAY42)	FDH666	IN4148
BAW55	S		E	BA211	(BAY43)	FDH600	IN4446
BAW56	S		E	BAW76	BAV18	IN4151	
BAW57	S		E	BAX12	BAV19	IN3070	
BAW57N	S		E	BAX12			
BAW58	S		E	BAV19		IN3070	
BAW59	S		E	BAV18	(BAY41)	IN3070	
BAW60	S		E	BA210			
BAW62	S		E	BAW76	BA213	IN4448	
BAW63	S		E	BA211	(BAV74)	IN4446	
BAW63A	S		E	BA211	(BAV74)	IN4446	
BAW63B	S		E	BA211	(BAV74)	IN4446	
BAW64	S		E	(BAV74)			
BAW65	S		E	(BAV74)			
BAW67	S		E	(BAV74)			
BAW75	S		E			IN4154	
BAW76	S		E			IN4151	
BAW77	S		E			IN3070	
BAX12	S		E			FDH400	
BAX13	S		E	BAW75	BA209	IN4118	
				BAW76			
BAX13A	S		E	BAW76			
BAX14	S		E	(BAY41)			
BAX15	S		E	BAV20		IS923	
BAX16	S		E	BAY98	BAV20	IN3070	
BAX17	S		E	BAV20		IN3070	
BAX18	S		E	BAV18		IN4448	
BAX20	S		E	BAV10	BAW75	FDH900	IN251
				BA167	BAW76		
BAX21	S		E	BAV10	BAY99	IN4448	IN4148
				BA209	BAW76		
BAX22	S		E	BAX16	BAY98	FDH444	IN3070
				BAV19	BAW76		
BAX25	S		E	BAX13		FD777	
BAX26	S		E	BAX13		FD700	
BAX27	S		E	BAV10		FD700	
BAX28	S		E	3XBAX13			
BAX30	S		E	3XBAX13			
BAX33	S		E			FA2311E	
BAX34	S		E			FA2313E	
BAX35	S		E			FA2313E	
BAX36	S		E			FA2321E	
BAX37	S		E			FA2323E	
BAX38	S		E			FA2323E	
BAX39	S		E			FA4311E	
BAX40	S		E			FA4313E	
BAX41	S		E			FA4313E	
BAX42	S		E			FA4321E	
BAX43	S		E			FA4323E	
BAX44	S		E			FA4323E	
BAX51	S		E			FSA2502M	
BAX52	S		E			FSA2704M	
BAX53	S		E			FSA2705M	
BAX72	S		E			FSA1410M	
BAX73	S		E			FSA1411M	
BAX74	S		E	BA209		IN4148	
BAX78	S		E	BAV10	BAX81	IN4150	IN4607
				BAY42			
BAX79	S		E	(BAY43)	BAX81	IN4150	
BAX80	S		E	BA209	BAW76	IN4148	IN914
				(BAY61)			
BAX81	S		E			IN4153	IN4607
BAX82	S		E	(BAW76)		IN4154	IN4607
BAX83	S		E	BA209		IN4148	IN914
BAX84	S		E	BA209	(BAW76)	IN4151	
BAX85	S		E	BA209	(BAW76)	IN4151	IN4148
				(BAY61)			
BAX86	S		E	BA209		IN4148	
BAX86A	S		E	BA209		IN4148	IN914
BAX86A-TF53	S		E	BAY61			
BAX86B	S		E	BA209		IN4148	IN914
BAX86B-TF54	S		E	BAY61			
BAX87	S		E	BAX13	BA209	IN914	
				(BAY61)			

TYPE	1	2	3	EUROPEAN		AMERICAN	
BAX88	S		E	BA181A		FDH	IN251
BAX88-TF11	S		E	BAY61	BAW75		
BAX89	S		E	BA209		IN4148	
BAX89A	S		E	BA209		FDH999	IN914
BAX89A-TF34	S		E	BAY61	BAW75		
BAX89B	S		E	BA209		IN4151	IN914
BAX89B-TF35	S		E	BAW76	(BAY61)		
BAX89C-TF37	S		E	BAW76	(BAY61)		
BAX90A	S		E	BA209		IN4154	IN4148
BAX90A-TF827	S		E	(BAW75)			
BAX90B	S		E	BA209		IN4151	
BAX90B-TF828	S		E	(BAW76)			
BAX90C	S		E	BA209		IN4154	
BAX90C-TF829	S		E	BAW75			
BAX91A	S		E			IN4151	IN451
BAX91A-TF100	S		E	(BAY61)			
BAX91B	S		E			IN4148	IN4151
BAX91B-TF101	S		E	BAW76			
BAX91C	S		E			IN4148	IN4151
BAX91C-TF102	S		E	BAW76			
BAX92	S		E	BA213		IN4151	IN4448
BAX92-TF7	S		E	(BAW76)			
BAX93	S		E			IN4151	
BAX93-TF71	S		E	(BAW76)			
BAX94	S		E	BAV18	(BAW76)	IN4151	
BAX95	S		E			FDH600	IN4150
BAX96A	S		E	BA211	(BAY61)	IN4446	
BAX96B	S		E	BA211	(BAW76)	IN4446	
BAX96C	S		E	(BAY61)	(BAW76)		
BAY14	S		E	BY100 / BAW86	BYX10 / BA186	IN648	
BAY15	S		E	BY100	BYX10	IN649	
BAY16	S		E	BY100	BYX10		
BAY17	S		E	BAV10	BAY44	IN4150	IS920
BAY18	S		E	BAV10 / BAY72	(BAY44)	IS921	
BAY19	S		E	BAX16	BAY45	FDH400	IS922
BAY20	S		E	BAX16 / BAY46	(BAY45)	IN485B	IS923
BAY21	S		E	BA145	BAY46	IN647	
BAY23	S		E	BYX10			
BAY24	S		E	BYX10			
BAY25	S		E	BYX10			
BAY31	S		E	BAW75 / BAY61	BA209	IN4154	
BAY32	S		E	BAX16 / BA189	BAY98 / BAY45	IN485B	IS922
BAY33	S		E	BAX16 / BA189	BAY98 / BAY45	IN485B	IS922
BAY36	S		E	(BAW75) / BAY60	BA209	IN4154	
BAY38	S		E	BAW62 / BA213	(BAW76) / BAY63	IN4151	
BAY39	S		E	BAX12 / BAX81	BAY43 / BAX78	IN4608	
BAY41	S		E	BAV10	BAX82	IN4150	
BAY42	S		E	BAV10	BAX82	IN4150	
BAY43	S		E	BAX12	BAX81	IN4150	
BAY44	S		E	BAX16	BAY18	IN4150	IN483
BAY45	S		E	BAX16	BAY20	FDH400	IN484A
BAY46	S		E	BA145	BAY21	IN646	
BAY52	S		E	BAY99 / BAY60	BA209 / BAW75	IN4154	
BAY60	S		E	BAW75		IN4154	IN4009
BAY61	S		E	BA209		IN914	
BAY63	S		E	BAV10	BAW76	FDH600	IN3604
BAY64	S		E			FDH999	
BAY66	S		E	BAY96			
BAY67	S		E	BAV10 / BAY41	BA136	FDH900	
BAY68	S		E	BAV10 / BA213 / BAW76	BAY42 / (BAW75)	FDH999	IN4448
BAY69	S		E	BAV10 / BA213	BAY43 / BAW76	FDH900	IN4448
BAY71	S		E	BAV10 / BAY63	BAW75	IN4153	
BAY72	S		E	BAX15 / BAV19	BAY98	IN3070	

TYPE	1	2	3	EUROPEAN		AMERICAN	
BAY73	S		E	BAX16 / BAY19	BAY98	IN3595	
BAY74	S		E	BAV10 / BAX81 (BAY41)	BAY41 (BAY42)	IN4607	
BAY77	S		E				
BAY78	S		E			IN483A	
BAY80	S		E	BAX45	BAY20	FDH444	IS921
BAY82	S		E	BAX13		IN4152	
BAY83	S		E	BAX45		FDH900	
BAY86	S		E	BAX18 / BAY18	BAY44	IN457	IN482A
BAY87	S		E	BAX12 / BAY19	BAY45	FDH400	IN484A
BAY88	S		E	BA145 / BAY21	BAY146	IN647	
BAY89	S		E	BYX10 / BA186	BA133	IN649	IN4005
BAY90	S		E	BYX10	BA133	(IN4006)	
BAY91	S		E	BYX10			
BAY92	S		E	BYX10			
BAY93	S		E	BAV10 / BAY61	BAW75 (BAY60)	FDH999 (IN3604)	IN914
BAY94	S		E	BAV10 (BAY60)	BAW75	IN4154	
BAY95	S		E	BAV10	BAW76	IN4151	
BAY97	S		E	BAY94 (BAY60)	BAW75	IN4154	
BAY98	S		E	BAX16	BAV20	FDH400	IN3070
BAY99	S		E	BAX12 / BAW76	BAV18 (BAY63)	FDH900	IN3069
BB100	S		E	BB105G			
BB100G	S		E	BB105G			
BB103	S		E	BB110G			
BB110	S		E	BB103			
BB121	S		E	BB106			
BB122	S		E	BB106			
BD100		C	A			2N3005	
BD101		C	A			2N3006	
BD102		C	A			2N3007	
BLVA156		Z	E	(BZX97-C5V6)			
BLVA156A		Z	E	(BZX97-C5V6)			
BLVA156B		Z	E	(BZX97-B5V6)			
BLVA156C		Z	E	(BZX97-A5V6)			
BLVA162		Z	E	(BZX97-C6V2)			
BLVA162A		Z	E	(BZX97-C6V2)			
BLVA162B		Z	E	(BZX97-B6V2)			
BLVA162C		Z	E	(BZX97-A6V2)			
BLVA168		Z	E	(BZX97-C6V8)			
BLVA168A		Z	E	(BZX97-C6V8)			
BLVA168B		Z	E	(BZX97-B6V8)			
BLVA168C		Z	E	(BZX97-A6V8)			
BLVA174		Z	E	(BZX97-C7V5)			
BLVA174A		Z	E	(BZX97-C7V5)			
BLVA174B		Z	E	(BZX97-B7V5)			
BLVA174C		Z	E	(BZX97-A7V5)			
BLVA183		Z	E	(BZX97-C9V2)			
BLVA183A		Z		(BZX97-C8V2)			
BLVA183B		Z		(BZX97-B8V2)			
BLVA183C		Z		(BZX97-A8V2)			
BLVA192		Z		(BZX97-C9V1)			
BLVA192A		Z		(BZX97-B9V1)			
BLVA192B		Z		(BZX97-B9V1)			
BLVA192C		Z		(BZX97-A9V1)			
BLVA456		Z		(BZX97-C4V6)			
BLVA456A		Z		(BZX97-C5V6)			
BLVA456B		Z		(BZX97-B5V6)			
BLVA456C		Z		(BZX97--A5V6)			
BLVA462		Z		(BZX97-C6V2)			
BLVA462A		Z		(BZX97-B6V2)			
BLVA462B		Z		(BZX97-B6V2)			
BLVA462C		Z		(BZX97-A6V2)			
BLVA468		Z		(BZX97-C6V8)			
BLVA468A		Z		(BZX97-B6V8)			
BLVA468B		Z		(BZX97-B6V8)			
BLVA468C		Z		(BZX97-A6V8)			
BLVA474		Z		(BZX97-C7V5)			
BLVA474A		Z		(BZX97-B7V5)			

TYPE	1	2	3	EUROPEAN		AMERICAN	
BLVA474B		Z	E	(BZX97-A7V5)			
BLVA474C		Z	E	(BZX97-A7V5)			
BLVA483		Z	E	(BZX97-C8V2)			
BLVA483A		Z	E	(BZX97-B8V2)			
BLVA483B		Z	E	(BZX97-B8V2)			
BLVA483C		Z	E	(BZX97-A8V2)			
BLVA492		Z	E	(BZX97-C9V1)			
BLVA492A		Z	E	(BZX97-B9V1)			
BLVA492B		Z	E	(BZX97-A9V1)			
BLVA492C		Z	E	(BZX97-A9V1)			
BLVA1101		Z	E	(BZX97-C10)			
BLVA1101A		Z	E	(BZX97-B10)			
BLVA1101B		Z	E	(BZX97-B10)			
BLVA1101C		Z	E	(BZX97-A10)			
BLVA4101		Z	E	(BZX97-C10)			
BLVA4101A		Z	E	(BZX97-B10)			
BLVA4101B		Z	E	(BZX97-B10)			
BLVA4101C		Z	E	(BZX97-A10)			
BO580	S		E	BY127			
BR48	S		E	BY127			
BRY46			E	BRY39			
BRY41100		T	A			2N5754	
BRY41200		T	A			2N5755	
BRY41300		T	A			2N5756	
BRY41400		T	A			2N5756	
BRY4150		T	A			2N5754	
BRY41500		T	A			2N5757	
BRY41600		T	A			2N5757	
BRY4550		T	A			40485	T2600B
BRY45100		T	A			40485	T2600B
BRY45200		T	A			40486	T2600B
BRY45300		T	A			40486	T2600D
BRY45400		T	A			40486	T2600D
BRY52100		T	A			40485	T2600B
BRY5250		T	A			40485	T2600B
BRY52200		T	A			40485	T2600B
BRY5230		T	A			40486	T2600D
BRY52400		T	A			40486	T2600D
BstB0106B		C	E			S2061A	
BstB0106BS4		C	E			S2061A	
BstB0106BS5		C	E			S2061A	
BstB0106C		C	E			S2062A	
BstB0106CS4		C	E			S2062A	
BstB0106D		C	E			S2062A	
BstB0106E		C	E			S2062A	
BstB0106F		C	E			S2062A	
BstB0113B		C	E			S2061B	
BstB0113BS4		C	E			S2061B	
BstB0113BS5		C	E			S2061B	
BstB0113C		C	E			S2062B	
BstB0113CS4		C	E			S2062B	
BstB0113D		C	E			S2062B	
BstB0113E		C	E			S2062B	
BstB0113F		C	E			S2062B	
BstB0126B		C	E			S2061D	
BstB0126BS4		C	E			S2061D	
BstB0126BS5		C	E			S2061D	
BstB0126C		C	E			S2062D	
BstB0126CS4		C	E			S2062D	
BstB0126D		C	E			S2062D	
BstB0126E		C	E			S2062D	
BstB0126F		C	E			S2062D	
BstB0133B		C	E			S2061E	
BstB0133BS4		C	E			S2061E	
BstB0133BS5		C	E			S2061E	
BstB0133C		C	E			S2062E	
BstB0133CS4		C	E			S2062E	
BstB0113D		C	E			S2062E	
BstB0133E		C	E			S2062E	
BstB0133F		C	E			S2062E	
BstB0140B		C	E			S2061M	
BstB0140C		C	E			S2062M	
BstB0140CS4		C	E			S2062M	
BstB0140D		C	E			S2062M	
BstB0140E		C	E			S2062M	

TYPE	1	2	3	EUROPEAN	AMERICAN	
BstB0140F		C	E		S2062M	
BstB0206B		C	E		S2061A	
BstB0206BS4		C	E		S2061A	
BstB0206BS5		C	E		S2061A	
BstB0206C		C	E		S2062A	
BstB0206CS4		C	E		S2062A	
BstB0206D		C	E		S2062A	
BstB0206E		C	E		S2062A	
BstB0206F		C	E		S2062A	
BstB0213B		C	E		S2061B	
BstB0213BS4		C	E		S2061B	
BstB0213BS5		C	E		S2061B	
BstB0213C		C	E		S2063B	
BstB0213CS4		C	E		S2062B	
BstB0213D		C	E		S2062B	
BstB0213E		C	E		S2062B	
BstB0213F		C	E		S2062B	
BstB0226B		C	E		S2061B	
BstB0226BS4		C	E		S2061B	
BstB0226BS5		C	E		S2061D	
BstB0226CS4		C	E		S2062D	
BstB0226D		C	E		S2062D	
BstB0226E		C	E		S2062D	
BstB0226F		C	E		S2062D	
BstB0233B		C	E		S2061E	
BstB0233B54		C	E		S2061E	
BstB0233BS5		C	E		S2061E	
BstB0233C		C	E		S2062E	
BstB0233CS4		C	E		S2062E	
BstB0233D		C	E		S2062E	
BstB0233E		C	E		S2062E	
BstB0233F		C	E		S2062E	
BstB0240C		C	E		S2062M	
BstB0240CS		C	E		S2062M	
BstB0240D		C	E		S2062M	
BstB0240E		C	E		S2062M	
BstB0240F		C	E		S2062M	
BstC0313		C	E		2N1846	
BstC0313S6		C	E		2N1846	
BstC0326		C	E		2N1849	
BstC0326S6		C	E		2N1849	
BstC0506E		C	E		2N3228	
BstC0506F		C	E		2N3228	
BstC05060		C	E		2N3228	
BstC0506H		C	E		2N3228	
BstC513E		C	E		2N3228	
BstC0513F		C	E		2N3228	
BstC0513G		C	E		2N3228	
BstC0513H		C	E		2N3228	
BstC0526E		C	E		2N3525	
BstC0526F		C	E		2N3525	
BstC0526G		C	E		2N3525	
BstC0526H		C	E		2N3525	
BstC0533E		C	E		2N4101	
BstC0533F		C	E		2N4101	
BstC0533G		C	E		2N4101	
BstC533H		C	E		2N4101	
BstC0540E		C	E		2N4101	
BstC0540F		C	E		2N4101	
BstC05406G		C	E		2N4101	
BstC0540H		C	E		2N4101	
BstC0546E		C	E		2N4101	
BstC0546F		C	E		2N4101	
BstC0546G		C	E		2N4101	
BstC0546H		C	E		2N4101	
BT102-300R		C	E		S2800C	
BT102-500R		C	E		S2800E	
BTW30-300		C	E		2N3657	
BTW30-400		C	E		2N3658	
BTW30-500		C	E		S7432M	
BTW30-600		C	E		S7432M	
BTW31-300		C	E		2N3657	
BTW31-400		C	E		2N3658	
BTW31-500		C	E		S7432M	
BTW31-600		C	E		S7432M	

TYPE	1	2	3	EUROPEAN	AMERICAN		JAPANESE
BTW47-600		C	E		S6410M		
BTW92-600		C	E		2N3899		
BTW92-800		C	E		S6410N		
BTY87-400		C	E		S6210D		
BTY87-500		C	E		S6210M		
BTY87-600		C	E		S6210M		
BTY91-400		C	E		S6210D		
BTY91-500		C	E		S6210M		
BTY91-600		C	E		S6210M		
BT50	S		A		(IN4001)		
BTB100	S		A		(IN4002)		
BTB200	S		A		(IN4003)		
BTB400	S		A		(IN4004)		
BTB600	S		A		(IN4005)		
BTB800	S		A		(IN4006)		
BTB1000	S		A		(IN4007)		
BTD0105		T	A		TIC205A	2N5754	
BTD0110		T	A		TIC205A	2N5754	
BTD0120		T	A		TIC205B	2N5755	
BTD0130		T	A		TIC205D	2N5756	
BTD0140		T	A		TIC205D	2N5756	
BTD0150		T	A		2N5757		
BTD0106		T	A		2N5757		
BTD0205		T	A		TIC205A	40485	
					T2600B		
BTD0220		T	A		TIC205B	40485	
					T2600B		
BTD0230		T	A		TIC205D	40486	
					T2600D		
BTD0240		T	A		TIC205D	40486	
					T2600D		
BTD0305		T	A		40485	T2600B	
BTD0310		T	A		40485	T2600B	
BTD0320		T	A		40485	T2600B	
BTD0330		T	A		40486	T2600D	
BTD0340		T	A		40486	T2600D	
BTM50	S		A		(IN4001)		
BTM100	S		A		(IN4002)		
BTM200	S		A		(IN4003)		
BTM400	S		A		(IN4004)		
BTM600	S		A		(IN4005)		
BTM800	S		A		(IN4006)		
BTM1000	S		A		(IN4007)		
BTR0205		T	A		TIC206A	40429	
					T2700B		
BTR0210		T	A		TIC206A	40429	
					T2700B		
BTR0220		T	A		TIC206B	40429	
					T2700B		
BTR0230		T	A		TIC206D	40430	T2700D
BTR0240		T	A		TIC206D	40430	
					T2700D		
BTR0305		T	A		TIC206A	40575	T2700B
					40429	T4700B	
BTR0310		T	A		TIC206A	40575	T2700B
					40429	T4700B	
BTR0320		T	A		TIC206B	40575	T2700B
					40429	T4700B	
BTR0330		T	A		TIC206D	40576	T2700D
					40430	T4700D	
BTR0340		T	A		TIC206D	40576	T2700D
					40430	T4700D	
BTR0405		T	A		TIC206A	40575	
					T4700B		
BTR0410		T	A		TIC206A	40575	
					T4700B		
BTR0420		T	A		TIC206B	40575	
					T4700B		
BTR0430		T	A		TIC206D	40576	
					T4700D		
BTR0440		T	A		TIC205D	40576	
					T4700D		
BTS0205		T	A		TIC216A		
BTS0210		T	A		TIC216A		
BTS0220		T	A		TIC216B		
BTS0230		T	A		TIC216D		
BTS0240		T	A		TIC216D		
BTS0305		T	A		TIC226B	2N5567	
BTS0310		T	A		TIC226B	2N5567	
BTS0320		T	A		TIC226B	2N5567	
BTS0330		T	A		TIC226D	2N5568	

TYPE	1	2	3	EUROPEAN	AMERICAN	
BTS0340		T	A		TIC226D	2N5568
BTS0350		T	A		40795	T4101M
BTS0360		T	A		40795	T4101M
BTS0405		T	A		TIC226B	2N5567
BTS0410		T	A		TIC226B	2N5567
BTS0420		T	A		TIC226B	2N5567
BTS0430		T	A		TIC226D	2N5568
BTS0440		T	A		TIC226D	2N5568
BTS0450		T	A		40795	T4101M
BTS0460		T	A		40795	T4101M
BTS0505		T	A		TIC236B	2N5571
BTS0510		T	A		TIC236B	2N5571
BTS0520		T	A		TIC236B	2N5571
BTS0530		T	A		TIC236D	2N5572
BTS0540		T	A		TIC236D	2N5572
BTS0550		T	A		40797	T4100M
BTS0560		T	A		40797	T4100M
BTS0605		T	A		2N5441	
BTS0610		T	A		2N5441	
BTS0620		T	A		2N5441	
BTS0630		T	A		2N5442	
BTS0640		T	A		2N5442	
BTS0650		T	A		2N5443	
BTS0660		T	A		2N5443	
BTU0305		T	A		TIC226B	2N5569
BTU0310		T	A		TIC226B	2N5569
BTU0320		T	A		TIC226B	2N5569
BTU0330		T	A		TIC226D	2N5570
BTU0340		T	A		TIC226D	2N5570
BTU0350		T	A		40796	T4111M
BTU0360		T	A		40796	T4111M
BTU0405		T	A		TIC226B	2N5573
BTU0410		T	A		TIC226B	2N5573
BTU0420		T	A		TIC226B	2N5573
BTU0430		T	A		TIC226D	2N5574
BTU0440		T	A		TIC226D	2N5574
BTU0450		T	A		40798	T4110M
BTU0460		T	A		40798	T4110M
BTU0505		T	A		TIC236B	2N5573
BTU0510		T	A		TIC236B	2N5573
BTU0520		T	A		TIC236B	2N5573
BTU0530		T	A		TIC236D	2N5574
BTU0540		T	A		TIC236D	2N5574
BTU0550		T	A		40798	T4110M
BTU0560		T	A		40798	T4110M
BTU0605		T	A		TIC246B T6411B	40662
BTU0610		T	A		TIC246B T4611B	40662
BTU0620		T	A		TIC246B T6411B	40662
BTU0630		T	A		TIC246D T6411D	40663
BTU0640		T	A		TIC246D T6411D	40663
BTU0650		T	A		40672	T6411M
BTU0660		T	A		40672	T6411M
BTV0405		T	A		40799	T4121B
BTV0410		T	A		40799	T4121B
BTV0420		T	A		40799	T4121B
BTV0430		T	A		40800	T4121D
BTV0440		T	A		40800	T4121D
BTV0450		T	A		40801	T4121M
BTV0460		T	A		40801	T4121M
BTW10100		T	A		40429	T2700B
BTW10200		T	A		40429	T2700B
BTW10300		T	A		40430	T2700D
BTW10400		T	A		40430	T2700D
BTW1050		T	A		40429	T2700B
BTW11100		T	A		40575	T4700B
BTW11200		T	A		40575	T4700B
BTW11300		T	A		40576	T4700D
BTW11400		T	A		40576	T4700D
BTW1150		T	A		40575	T4700B
BTW12100		T	A		2N5567	
BTW12200		T	A		2N5567	

TYPE	1	2	3	EUROPEAN		AMERICAN	
BTW12300		T	A			2N5568	
BTW12400		T	A			2N5568	
BTW1250		T	A			2N5567	
BTW12500		T	A			40795	T4101M
BTW12600		T	A			40795	T4101M
BTW13100		T	A			2N5569	
BTW13200		T	A			2N5569	
BTW13300		T	A			2N5570	
BTW13400		T	A			2N5570	
BTW1350		T	A			2N5569	
BTW13500		T	A			40796	T4111M
BTW13600		T	A			40796	T4111M
BTW14100		T	A			40575	T4700B
BTW14200		T	A			40575	T4700B
BTW14300		T	A			40576	T4700D
BTW14400		T	A			40576	T4700D
BTW1450		T	A			40575	T4700B
BTW15100		T	A			2N5567	
BTW15200		T	A			2N5567	
BTW15300		T	A			2N5568	
BTW15400		T	A			2N5568	
BTW1550		T	A			2N5567	
BTW15500		T	A			40795	T4101M
BTW15600		T	A			40795	T4101M
BTW16100		T	A			2N5573	
BTW16200		T	A			2N5573	
BTW16300		T	A			2N5574	
BTW16400		T	A			2N5574	
BTW1650		T	A			2N5573	
BTW16500		T	A			40798	T4110M
BTW16600		T	A			40798	T4110M
BTW17100		T	A			40799	T4121B
BTW17200		T	A			40799	T4121B
BTW17300		T	A			40800	T4121D
BTW17400		T	A			40800	T4121D
BTW17500		T	A			40801	T412M
BTW17600							
BTW18100		T	A			2N5571	
BTW18200		T	A			2N5571	
BTW18300		T	A			2N5572	
BTW18400		T	A			2N5572	
BTW1850		T	A			2N5571	
BTW18500		T	A			40797	T4100M
BTW18600		T	A			40797	T4100M
BTW19100		T	A			2N5573	
BTW19200		T	A			2N5573	
BTW19300		T	A			2N5574	
BTW19400		T	A			2N5574	
BTW1950		T	A			2N5573	
BTW19500		T	A			40798	T4110M
BTW19600		T	A			40798	T4110M-
BTW20100		T	A			2N5444	
BTW20200		T	A			2N5444	
BTW20300		T	A			2N5445	
BTW20400		T	A			2N5445	
BTW2050		T	A			2N5444	
BTW20500		T	A			2N5446	
BTW20600		T	A			2N5446	
BTX0505		T	A			40805	T6421B
BTX0510		T	A			40805	T6421B
BTX0520		T	A			40805	T6421B
BTX0530		T	A			40806	T6421D
BTX0540		T	A			40806	T6421D
BTX0550		T	A			40807	T5421M
BTX0560		T	A			40807	T6421M
BTX0605		T	A			40688	T6420B
BTX0610		T	A			40688	T6420B
BTX0620		T	A			40688	T6420B
BTX0630		T	A			40689	T6420D
BTX0640		T	A			40689	T6420D
BTX0650		T	A			40690	T6420M
BTX0660		T	A			40690	T6420M
BY100	S			E	BY127	SSiB0780	
BY103	S			E	BY127	SSiB0780	
BY114	S			E	BY127	BY126	

TYPE	1	2	3	EUROPEAN		AMERICAN	
BY115	S		E	SSiB0640			
BY118	S		E	SSiB0680			
BY122	S		E	BY164			
BY123	S		E	BY179			
BY127	S		E	SSiB0640			
BY133	S		E	BY127			
BY134	S		E	BY127			
BY135	S		E	BY127			
BY140	S		E	BY176			
BY142	S		E	SSiB0680			
BY143	S		E	SSiB0640			
BY144	S		E	BY176			
BY151N	S		E	BY127			
BY152N	S		E	BY127			
BY177	S		E	BY127			
BY178	S		E	BY127			
BY250	S		E	SSiB0180			
BYX10	S		E	BA133			
BYX20/200iR	S		E	SSiE1105	SSiE1205	BYX21-200	
BYX20-200R			E	BYX21-200R			
BYX21/200iR	S		E	SSi1105	SSiE1205		
BYX28/200iR	S		E	SSiE1105	SSiE1205		
BYX36/150iR	S		E	SSiB0610			
BYX60/200	S		E	BAX15			
BYX60/400	S		E	BA145			
BYX15	S		E	BYX52/900			
BYX16	S		E	BYX52/900R			
BYX20	S		E	BYX21/200R			
BYY31	S		E	BY127			
BYY32	S		E	BY127			
BYY33	S		E	BY127			
BYY34	S		E	BY127			
BYY35	S		E	BY127			
BYY36	S		E	BY127			
BYY37	S		E	BY127			
BYY77	S		E	BYX52/1200			
BYY78	S		E	BYX52/1200R			
BYY88	S		E	BY127			
BYY89	S		E	BY127			
BYY90	S		E	BY127			
BYY91	S		E	BY127			
BYY92	S		E	BY127			
BYZ10	S		E	BYX38/1200			
BYZ11	S		E	BYX38/900			
BYZ12	S		E	BYX38/600			
BYZ13	S		E	BYX38/300			
BYZ14	S		E	BYX52/600			
BYZ15	S		E	BYZ52/600R			
BYZ16	S		E	BYX38/1200R			
BYZ17	S		E	BYX38/900R			
BYZ18	S		E	BYZ38/600R			
BYZ19	S		E	BYX38/300R			
BZ3,6		Z	E	BZX31C3V6			
BZ3,9		Z	E	BZX31C3V9			
BZ4,3		Z	E	BZX31C4V3			
BZ4,7		Z	E	BZX31C4V7			
BZ5,1		Z	E	BZX31C5V1			
BZ5,6		Z	E	BZX31C5V6			
BZ6,2		Z	E	BZX31C6V2			
BZ6,8		Z	E	BZX31C6V8			
BZ7,5		Z	E	BZX31C7V5			
BZ8,2		Z	E	BZX31C8V2			
BZ9,1		Z	E	BZX31C9V1			
BZ100		Z	E	BZY88-C3V9			
BZ102/0V7		Z	E	BZX55C0V8			
BZ102/1V4		Z	E	BZX75C1V4			
BZ102/2V1		Z	E	BZX75C2V1			
BZ102/2V8		Z	E	BZX75C2V8			
BZ102/3V4		Z	E	BZY88C3V3			
BZX10		Z	E	BZY88C6V2		BZX55C6V2	

TYPE	1	2	3	EUROPEAN		AMERICAN	
BZX11		Z	E	BZY88C6V8	BZX55C6V8		
BZX12		Z	E	BZY88C7V5	BZX55C7V5		
BZX13		Z	E	BZY88C8V2	BZX55C8V2		
BZX14		Z	E	BZY88C9V1	BZX55C9V1		
BZX15		Z	E	BZY88C10	BZX55C10		
BZX16		Z	E	BZY88C11	BZX55C11		
BZX17		Z	E	BZY88C12	BZX55C12		
BZX18		Z	E	BZY88C13	BZX55C13		
BZX19		Z	E	BZY88C15	BZX55C15		
BZX20		Z	E	BZY88C15	BZX55C16		
BZX21		Z	E	BZY88C18	BZX55C18		
BZX22		Z	E	BZY88C20	BZX55C20		
BZX23		Z	E	BZY88C22	BZX55C22		
BZX24		Z	E	BZY88C24	BZX55C24		
BZX25		Z	E	BZY88C27	BZX55C27		
BZX26		Z	E	BZY88C30	BZX55C30		
BZX27		Z	E	BZY88C33	BZX55C33		
BZX29		Z	E				
BZX30C3V3		Z	E	AZ3.3			
BZX30C3V6		Z	E	AZ3.6			
BZX30C3V9		Z	E	AZ3.9			
BZX30C4V3		Z	E	AZ4.3			
BZX30C4V7		Z	E	AZ4.7			
BZX30C5V1		Z	E	AZ5.1			
BZX30C5V6		Z	E	AZ5.6			
BZX30C6V2		Z	E	AZ6.2			
BZX30C6V8		Z	E	AZ6.8			
BZX30C7V5		Z	E	AZ7.5			
BZX30C8V2		Z	E	AZ8.2			
BZX30C9V1		Z	E	AZ9.1			
BZX30C10		Z	E	AZ10			
BZX30C11		Z	E	AZ11			
BZX30C12		Z	E	AZ12			
BZX30C13		Z	E	AZ13			
BZX30D15		Z	E	AZ15			
BZX30C15		Z	E	AZ15A			
BZX30D18		Z	E	AZ18			
BZX30C18		Z	E	AZ18A			
BZX30D22		Z	E	AZ22			
BZX30C22		Z	E	AZ22A			
BZX30D27		Z	E	AZ27			
BZX30C27		Z	E	AZ27A			
BZX31C3V6		Z	E	BZ3.6			
BZX31C3V9		Z	E	BZ3.9			
BZX31C4V3		Z	E	BZ4.3			
BZX31C4V7		Z	E	BZ4.7			
BZX31C5V1		Z	E	BZ5.1			
BZX31C5V6		Z	E	BZ5.6			
BZX31C6V2		Z	E	BZ6.2			
BZX31C6V8		Z	E	BZ6.8			
BZX31C7V5		Z	E	BZ8.2			
BZX31C8V2		Z	E	BZ9.1			
BZX31C9V1		Z	E				
BZX46C3V3		Z	E			IN746A	
BZX46C3V6		Z	E			IN747A	
BZX46D3V9		Z	E			IN748A	
BZX46C4V3		Z	E			IN749A	
BZX46C4V7		Z	E			IN750A	
BZX46C5V1		Z	E			IN751A	
BZX46C5V6		Z	E			IN752A	
BZX46C6V2		Z	E			IN753A	
BZX46C6V8		Z	E			IN754A	
BZX46C7V5		Z	E			IN755A	
BZX46C8V2		Z	E			IN756A	
BZX46C9V1		Z	E			IN757A	
BZX46C10		Z	E			IN758A	
BZX46C11		Z	E			IN962B	
BZX46C12		Z	E			IN963B	
BZX46C13		Z	E			IN964B	
BZX46C15		Z	E			IN965B	
BZX46C16		Z	E			IN966B	
BZX46C18		Z	E			IN967B	
BZX46C20		Z	E			IN968B	
BZX46C22		Z	E			IN969B	
BZX46C24		Z	E			IN970B	
BZX46C27		Z	E			IN971B	

TYPE	1	2	3	EUROPEAN		AMERICAN	
BZX46C30		Z	E			IN972B	
BZX46C33		Z	E			IN973B	
BZX55C0V8		Z	E				
BZX55C5V6		Z	E	BZY88C5V6			
BZX55C6V2		Z	E	BZY88C6V2			
BZX55C6V8		Z	E	BZY88C6V8			
BZX55C7V5		Z	E	BZY88C7V5			
BZX55C8V2		Z	E	BZY88C8V2			
BZX55C9V1		Z	E	BZY88C9V1			
BZX55C10		Z	E	BZY88C10			
BZX55C11		Z	E	BZY88C11			
BZX55C12		Z	E	BZY88C12			
BZX55C13C5		Z	E	BZY88C13			
BZX55C15		Z	E	BZY88C15			
BZX55C16V5		Z	E	BZY88C16			
BZX55C18		Z	E	BZY88C18			
BZX55C20		Z	E	BZY88C20			
BZX55C22		Z	E	BZY88C22			
BZX55C2C5		Z	E	BZY88C24			
BZX55C5V6		Z	E	(BZX83-C5V6)			
BZX55-D6V8		Z	E	(BZX83-C6V8)			
BZX55-D8V2		Z	E	(BZX83-C8V2)			
BZX55-C10		Z	E	(BZX83-C10)			
BZX55-D12		Z	E	(BZX83-C12)			
BZX55-D15		Z	E	(BZX83-C15)			
BZX55-D18		Z	E	(BZX83-C18)			
BZX55-D22		Z	E	(BZX83-C22)			
BZX55-D27		Z	E	(BZX83-C27)			
BZX55-D33		Z	E	(BZX83-C33)			
BZX58-C6V8		Z	E	BZX97-C6V8			
BZX58-C7V5		Z	E	BZX97-C7V5			
BZX58-C8V2		Z	E	BZX97-C8V2			
BZX58-C9V1		Z	E	BZX97-C9V1			
BZX58-C10		Z	E	BZX97-C10			
BZX59-C11		Z	E	BZX97-C11			
BZX59-C12		Z	E	BZX97-C12			
BZX59-C13		Z	E	BZX97-C13			
BZX59-C15		Z	E	BZX97-C15			
BZX59-C16		Z	E	BZX97-C16			
BZX59-C18		Z	E	BZX97-C18			
BZX59-C20		Z	E	BZX97-C20			
BZX59-C22		Z	E	BZX97-C22			
BZX59-C24		Z	E	BZX97-C24			
BZX59-C27		Z	E	BZX97-C27			
BZX60-C30		Z	E	(BZX97-C30)			
BZX60-C33		Z	E	(BZX97-C33)			
BZX63C6V8		Z	E			IN957B	
BZX63C7V5		Z	E			IN958B	
BZX63C8V2		Z	E			IN959B	
BZX63C9V1		Z	E			IN960B	
BZX63C10		Z	E			IN961B	
BZX64C11		Z	E			IN962B	
BZX64C12		Z	E			IN963B	
BZX64C13		Z	E			IN964B	
BZX64C15		Z	E			IN965B	
BZX64C16		Z	E			IN966B	
BZX64C18		Z	E			IN967B	
BZX64C20		Z	E			IN968B	
BZX64C22		Z	E			IN969B	
BZX64C24		Z	E			IN970B	
BZX64C27		Z	E			IN971B	
BZX65C30		Z	E			IN972B	
BZX65C33		Z	E			IN973B	
BZX67C12		Z	E	BZY93C12			
BZX67C3		Z	E	BZY93C13			
BZX67C15		Z	E	BZY93C15			
BZX67C16		Z	E	BZY93C16			
BZX67C18		Z	E	BZY93C18			
BZX67C20		Z	E	BZY93C20			
BZX67C22		Z	E	BZY93C22			
BZX67C24		Z	E	BZY93C24			
BZX67C27		Z	E	BZY93C27			
BZX67C30		Z	E	BZY93C30			
BZX67C33		Z	E	BZY93C33			
BZX67C39		Z	E	BZY93C39			

TYPE	1	2	3	EUROPEAN	AMERICAN	
BZX67C43		Z	E	BZY93C43		
BZX67C47		Z	E	BZY93C47		
BZX67C51		Z	E	BZY93C51		
BZX67C56		Z	E	BZY93C56		
BZX67C62		Z	E	BZY93C62		
BZX67C68		Z	E	BZY93C68		
BZX67C75		Z	E	BZY93C75		
BZX67C82		Z	E			
BZX69-C7V5		Z	E	BZX97-C7V5		
BZX69-C8V2		Z	E	BZX97-C8V2		
BZX69-C9V		Z	E	BZX97-C9V1		
BZX69-C10		Z	E	BZX97-C10		
BZX69-C11		Z	E	BZX97-C11		
BZX69-C12		Z	E	BZX97-C12		
BZX70		Z	E			
BZX71-B5V1		Z	E	BZX97-B5V1		
BZX71-B5V6		Z	E	BZX97-B5V6		
BZX71-B6V2		Z	E	BZX97-B6V2		
BZX71-B6V8		Z	E	BZX97-B6V8		
BZX71-B7V5		Z	E	BZX97-B7V5		
BZX71-B8V2		Z	E	BZX97-B8V2		
BZX71-B9V1		Z	E	BZX97-B9V1		
BZX71-B10		Z	E	BZX97-B10		
BZX71-B11		Z	E	BZX97-B11		
BZX71-B12		Z	E	BZX97-B12		
BZX71-B13		Z	E	BZX97-B13		
BZX71-B15		Z	E	BZX97-B15		
BZX71-B16		Z	E	BZX97-B16		
BZX71-B18		Z	E	BZX97-B18		
BZX71-B20		Z	E			
BZXB20						
BZX71-B22		Z	E	BZX97-B22		
BZX71-B24		Z	E	BZX97-B24		
BZX71C5V1		Z	E	BZY88C5V1	IN751A	
BZX71C5V6		Z	E	BZY88C5V6	IN752A	
BZX71C6V2		Z	E	BZY88C6V2	IN753A	
BZX71C6V8		Z	E	BZY88C6V8	IN957B	
BZX71C7V5		Z	E		IN958B	
BZX71C8V2		Z	E		IN959B	
BZX71C9V1		Z	E		IN960B	
BZX71C10		Z	E		IN961B	
BZX71C11		Z	E		IN962B	
BZX71C12		Z	E		IN963B	
BZX71C13		Z	E		IN964B	
BZX71C13		Z	E		IN964B	
BZX71C15		Z	E		IN965B	
BZX1C16		Z	E		IN966B	
BZX71C18		Z	E		IN967B	
BZX71C20		Z	E		IN968B	
BZX71C22		Z	E		IN969B	
BZX71C24		Z	E		IN970B	
BZX74-C5V6		Z	E	(BZY97-C5V6)		
BZX74-C6V2		Z	E	(BZX97-C6V2)		
BZX74-C6V8		Z	E	(BZX97-C6V8)		
BZX74-C7V5		Z	E	(BZX97-C7V5)		
BZX74-C8V2		Z	E	(BZX97-C8V2)		
BZX74-C9V1		Z	E	(BZX97-C9V1)		
BZX74-C10		Z	E	(BZX97-C10)		
BZX74-C11		Z	E	(BZX97-C11)		
BZX74-C12		Z	E	BZX97-C12		
BZX75C1V5		Z	E	BZX75C1V4		
BZX75C2V1		Z	E	BZX75C2V1		
BZX75C2V8		Z	E	BZX75C2V8		
BZX75C3V6		Z	E	BZX75C3V6		
BZX79-B4V7		Z	E	BZX97-B4V7		
BZX79-B5V1		Z	E	BZX97-B5V1		
BZX79-B5V6		Z	E	BZX97-B5V6		
BZX79-B6V2		Z	E	BZX97-B6V2		
BZX79-B6V8		Z	E	BZX97-B6V8		
BZX79-B7V5		Z	E			
BZXB7V5						
BZX79-B8V2		Z	E			
BZXB8V2						
BZX79-B9V1		Z	E	BZX97-B9V1		
BZX79-B10		Z	E	BZX97-B10		

TYPE	1	2	3	EUROPEAN		AMERICAN	
BZX79-B11		Z	E	BZX97-B11			
BZX79-B12		Z	E	BZX97-B12			
BZX79-B13		Z	E	BZX97-B13			
BZX79-B15		Z	E	BZX97-B15			
BZX79-B16		Z	E	BZX97-B16			
BZX79-B18		Z	E	BZX97-B18			
BZX79-B20		Z	E	BZX97-B20			
BZX79-B22		Z	E	BZX97-B22			
BZX79-B24		Z		BZX97-B24			
BZX79-B27		Z	E	BZX97-B27			
BZX79-B30		Z	E	BZX97-B30			
BZX79-B33		Z	E	BZX97-B33			
BZX79C4V7		Z	E			IN750A	
BZX79C5V1		Z	E			IN751A	
BZX79C5V6		Z	E			IN752A	
BZX79C6V2		Z	E			IN753A	
BZX79C6V8		Z	E			IN957B	
BZX79C7V5		Z	E			IN958B	
BZX79C8V2		Z	E			IN959B	
BZX79C9V1		Z	E			IN960B	
BZX79C10		Z	E			IN961B	
BZX79C11		Z	E			IN962B	
BZX79C12		Z	E			IN963B	
BZX79C13		Z	E			IN964B	
BZX79C15		Z	E			IN965B	
BZX79C16		Z	E			IN966B	
BZX79C18		Z	E			IN967B	
BZX79C20		Z	E			IN968B	
BZX79C22		Z	E			IN969B	
BZX79C24		Z	E			IN970B	
BZX79C27							
BZX79C30		Z	E			IN927B	
BZX79C33		Z	E			IN973B	
BZX96-C2V7		Z	E	BZX97-C2V7	(BZX83-C2V7)		
BZX96-C3V0		Z	E	BZX97-C3V0	(BZX83-C3V0)		
BZX96-C3V3		Z	E	BZX97-C3V3	(BZX83-C3V3)		
BZX96-C3V6		Z	E	BZX97-C3V6	(BZX83-C3V6)		
BZX96-C3V9		Z	E	BZX97-C3V9	(BZX83-C3V9)		
BZX96-C4V3		Z	E	BZX97-C4V3	(BZX83-C4V3)		
BZX96-C4V7		Z	E	BZX97-C4V7	(BZXj83-C4V7)		
BZX96-C5V1		Z	E	BZX97-C5V1	(BZX83-C5V1)		
BZX96-C5V6		Z	E	BZX97-C5V6	(BZX83-C5V6)		
BZX96-C6V2		Z	E	BZX97-C6V2	(BZX83-C6V2)		
BZX96-C6V8		Z	E	BZX97-C6V8	(BZX83-C6V8)		
BZX96-C7V5		Z	E	BZX97-C7V5	(BZX83-C7V5)		
BZX96-C8V2		Z	E	BZX97-C8V2	(BZX-C8V2)		
BZX96-C9V1		Z	E	BZX97-C9V1	(BZX83-C9V1)		
BZX96-C10		Z	E	BZX97-C10	(BZX83-C10)		
BZX96-C11		Z	E	BZX97-C11	(BZX83-C11)		
BZX96-C12		Z	E	BZX97-C12	(BZX83-C12)		
BZX96-C13		Z	E	BZX97-C13			
BZX96-C15		Z	E	BZX97-C15			
BZX96-C16		Z	E	BZX97-C16			
BZX96-C18		Z	E	BZX97-C18			
BZX96-C20		Z	E	BZX97-C20			
BZX96-C22		Z	E	BZX97-C22			
BZX96-C22		Z	E	BZX97-C22			
BZX96-C24		Z	E	BZX97-C24			
BZX96-C27		Z	E	BZX97-C27			
BZX96-C30		Z	E	BZX97-C30			
BZX96-C33		Z	E	BZX97-C33			
BZY14		Z	E	BZX55C5V6			
BZY15		Z	E	BZX55A6V8			
BZY17-C5V6		Z	E	(BZX83-C5V6)			
BZY17-C6V2		Z	E	(BZX83-C6V2)			
BZY17-C6V8		Z	E	(BZX83-C6V8)			
BZY17-C7V5		Z	E	(BZX83-C7V5)			
BZY17-C8V2		Z	E	(BZX83-C8V2)			
BZY17-C9V1		Z	E	(BZX83-C9V1)			
BZY17-C10		Z	E	(BZX83-C10)			
BZY17-C11		Z	E	(BZX83-C11)			
BZY17-C12		Z	E	(BZX83-C12)			
BZY17-C13		Z	E	(BZX83-C13)			
BZY17-C15		Z	E	(BZX83-C15)			
BZY17-C16		Z	E	(BZX83-C16)			

TYPE	1	2	3	EUROPEAN		AMERICAN	
BZY17-C18		Z	E	(BZX83-C18)			
BZY17-C20		Z	E	(BZX83-C20)			
BZY17-C22		Z	E	(BZX83-C22)			
BZY17-C24		Z	E	(BZX83-C24)			
BZY17-C27		Z	E	(BZX83-C27)			
BZY17-C30		Z	E	(BZX83-C30)			
BZY17-C33		Z	E	(BZX83-C33)			
BZY56		Z	E	BZY88C4V7			
BZY57		Z	E	BZY85C5V1	BZY88C5V1		
BZY58		Z	E	BZY85C5V6			
BZY59		Z	E	BZY88C6V2			
BZY60		Z	E	BZY55C6V8	BZY88C6V8		
BZY61		Z	E	BZY85C7V8	BZY88C7V5		
BZY62		Z	E	BZY88C8V2			
BZY63		Z	E	BZY85C9V1	BZY88C9V1		
BZY64		Z	E	BZY88C4V3			
BZY65		Z	E	BZY88C5V1			
BZY66		Z	E	BZY88C6V2			
BZY67		Z	E	BZY88C7V5			
BZY68		Z	E	BZY88C9V1			
BZY69		Z	E	BZY88C12			
BZY74		Z	E	BZY88C6V2			
BZY75		Z	E	BZY88C7V5			
BZY76		Z	E	BZY88C9V1			
BZY78C		Z	E	BZY85C5V1			
BZY85-B2V7		Z	E	BZX83-B2V7			
BZY85-B3V0		Z	E	BZX83-B3V0			
BZY85-B3V3		Z	E	BZX83-B3V3			
BZY85-B3V6		Z	E	BZX83-B3V6			
BZY85-B3V9		Z	E	BZX83-B3V9			
BZY85-B4V3		Z	E	BZX83-B4V3			
BZY85-B4V7		Z	E				
BZY85-B5V1		Z	E				
BZY85-B5V6		Z	E	BZX83-B5V6			
BZY85-B6V2		Z	E	BZX83-B6V2			
BZY85-B6V8		Z	E	BZX83-B6V8			
BZY85-B7V5		Z	E	BZX83-B7V5			
BZY85-B8V2		Z	E	BZX83-B8V2			
BZY85-B9V1		Z	E	BZX83-B9V1			
BZY85-B10		Z	E	BZX83-B10			
BZY85-B11		Z	E	BZX83-B11			
BZY85-B12		Z	E	BZX83-B12			
BZY85-B13		Z	E	BZX83-B13			
BZY85-B15		Z	E	BZX83-B15			
BZY85-B16		Z	E	BZX83-B16			
BZY85-B18		Z	E	BZX83-B18			
BZY85-B20		Z	E	BZX83-B20			
BZY85-B22		Z	E	BZX83-B22			
BZY85-B24		Z	E	BZX83-B24			
BZY85-B27		Z	E	BZX83-B27			
BZY85-B30		Z	E	BZX83-B30			
BZY85-B33		Z	E	BZX83-B33			
BZY85C2V7		Z	E	BZX75C2V8			
BZY85C3		Z	E	BZX75C2V8			
BZY85C3V3		Z	E	BZY88C3V3			
BZY85C3V6		Z	E	BZY88C3V6			
BZY85C3V9		Z	E	BZY88C3V9			
BZY85C4V3		Z	E	BZY88C4V3		IN749A	
BZY85C4V7		Z	E	BZY88C4V7		IN750A	
BZY85C5V1		Z	E	BZY88C5V1		IN751A	
BZY85C5V6		Z	E	BZY88C5V6		IN752A	
BZY85C6V2		Z	E	BZY88C5V2		IN753A	
BZY85C6V8		Z	E	BZY88C6V8		IN754A	
BZY85C7V5		Z	E	BZY88C7V5		IN755A	
BZY85C8V2		Z	E	BZY88C8V2		IN756A	
BZY85C9V1		Z	E	BZY88C9V1		IN757A	
BZY85C10		Z	E	BZY88C10		IN758A	
BZY85C11		Z	E	BZY88C11		IN962B	
BZY85C12		Z	E	BZY88C12		IN963B	
BZY85C13		Z	E			IN964B	
BZY85C13V5		Z	E	BZY88C13			
BZY85C15		Z	E	BZY88C15		IN965B	
BZY85C16		Z	E			IN966B	
BZY85C16V5		Z	E	BZY88C16			
BZY85C18		Z	E	BZY88C18		IN967B	

TYPE	1	2	3	EUROPEAN		AMERICAN	
BZY85C20		Z	E	BZY88C20		IN968B	
BZY85C22		Z	E	BZY88C22		IN969B	
BZY85C24		Z	E			IN970B	
BZY85C24V5		Z	E				
BZY85C27		Z	E			IN971B	
BZY85C30		Z	E			IN972B	
BZY85C33		Z	E				
BZY85D4V7		Z	E			IN750	
BZY85D5V6		Z	E			IN752	
BZY85D6V8		Z	E			IN754	
BZY85D8V2		Z	E			IN756	
BZY85D10		Z	E			IN758	
BZY85D12		Z	E			IN759	
BZY85D15		Z	E			IN965A	
BZY85D18		Z	E			IN967A	
BZY85D22		Z	E			IN969A	
BZY87		Z	E	BZY85D1			
BZY88C3V3		Z	E			IN746A	
BZY88C3V6		Z	E			IN747A	
BZY88C3V9		Z	E			IN748A	
BZY88C4V3		Z	E			IN749A	
BZY88C4V7		Z	E			IN750A	
BZY88C5V1		Z	E			IN751A	
BZY88C5V6		Z	E			IN752A	
BZY88C6V2		Z	E			IN753A	
BZY88C6V8		Z	E				IN754A
BZY88C7V5		Z	E			IN755A	
BZY88C8V2		Z	E			IN756A	
BZY88C9V1		Z	E			IN757A	
BZY88C10		Z	E			IN961B	
BZY88C11		Z	E			IN962B	
BZY88C12		Z	E			IN963B	
BZY88C13		Z	E			IN964B	
BZY88C15		Z	E			IN965B	
BZY88C16		Z	E			IN966B	
BZY88C18		Z	E			IN967B	
BZY88C20		Z	E			IN968B	
BZY88C22		Z	E			IN969B	
BZY88C24		Z	E			IN970B	
BZY88C27		Z	E			IN971B	
BZY88C30		Z	E			IN972B	
BZY88C33		Z	E			IN973B	
BZY92C3V9		Z	E	BZY88C3V9			
BZY92C4V3		Z	E	BZY88C4V3			
BZY92C4V7		Z	E	BZY96C4V7			
BZY92C5V1		Z	E	BZY96C5V1			
BZY92C5V6		Z	E	BZX29C5V6			
BZY92C6V2		Z	E	BZX29C6V2			
BZY92C6V8		Z	E	BZX61C6V8			
BZY92C7V5		Z	E	BZX61C7V5			
BZY92C8V2		Z	E	BZX61C8V2			
BZY92C9V1		Z	E	BZX61C9V1			
BZY92C10		Z	E	BZX61C10			
BZY92C11		Z	E	BZX61C11			
BZY92C12		Z	E	BZX61C12			
BZY92C13		Z	E	BZX61C13			
BZY92C15		Z	E	BZX61C15			
BZY92C16		Z	E	BZX61C16			
BZY92C18		Z	E	BZX61C18			
BZY92C20		Z	E	BZX61C20			
BZY92C22		Z	E	BZX61C22			
BZY92C24		Z	E	BZX61C24			
BZY92C27		Z	E	BZX61C27			
BZY92C30		Z	E	BZX61C30			
BZY92C33		Z	E	BZX61C33			
BZY92C36		Z	E	BZX61C36			
BZY94-C10		Z	E	BZX97-C10			
BZY94-C11		Z	E	BZX97-C11			
BZY94-C12		Z	E	BZX97-C12			
BZY94-C13		Z	E	BZX97-C13			
BZY94-C15		Z	E	BZX97-C15			
BZY94-C16		Z	E	BZX97-C16			
BZY94-C18		Z	E	BZX97-C18			
BZY94-C20		Z	E	BZX97-C20			
BZY94-C22		Z	E	BZX97-C22			

TYPE	1	2	3	EUROPEAN		AMERICAN	
BZY94-C24		Z	E	BZX97-C24			
BZY94-C27		Z	E	BZX97-C27			
BZY94-C30		Z	E	BZX97-C30			
BZY94-C33		Z	E	BZX97-C33			
BZY94-C36		Z	E	BZX97-C36			
BZZ10		Z	E	BZY88C6V2	BZX55C6V2		
BZZ11		Z	E	BZY88C6V8	BZX55C6V8		
BZZ12		Z	E	BZY88C7V5	BZX55C7V5		
BZZ13		Z	E	BZY88C8V2	BZX55C8V2		
C5A		C	A			2N1596	106A1
C5B		C	A			2N1597	106B1
C5C		C	A				106C1
C5D		C	A			2N1599	106D1
C5F		C	A			2N1595	106Y1
C5G		C	A			2N1597	106B1
C5H		C	A			2N1598	106C1
C5U		C	A			2N1595	106Y1
C6A		C	A			2N1596	107A1
C6B		C	A			2N1597	107B1
C6F		C	A			2N1595	107Y1
C6G		C	A			2N1597	107B1
C6U		C	A			2N1595	107Y1
C10A		C	A			TIC116A	11B
C10C		C	A			TIC116C	40743
						S6211D	
C10D		C	A			TIC116D	40732
						S6211D	
C10F		C	A			TIC116F	40741
						S6211A	
C10G		C	A			TIC116B	40742
						S6211B	
C10H		C	A			TIC116B	40743
						S6211D	
C10U		C	A			TIC116F	40741
						S6211A	
C11A		C	A			TIC116A	40741
						S6211A	
C11B		C	A			TIC116B	40742
						S6211B	
C11C		C	A			TIC116C	40743
						S6211D	
C11D		C	A			TIC116D	40743
						S6211D	
C11E		C	A			TIC116E	40744
						S6211M	
C11F		C	A			TIC116F	40741
						S6211A	
C11G		C	A			TIC116B	40742
						S6211B	
C11H		C	A			TIC116C	40743
						S6211D	
C11M		C	A			TIC116M	40744
						S6211M	
C11U		C	A			TIC116F	40741
						S6211A	
C12A		C	A			TIC116A	40553
						S3700B	
C12B		C	A			TIC116B	40553
						S3700B	
C12C		C	A			TIC116C	40554
						S3700D	
C12D		C	A			TIC116D	
C12F		C	A			TIC116F	40553
						S3700B	
C12G		C	A			TIC116B	40553
						S3700B	
C12H		C	A			TIC116C	40554
						S3700D	
C12U		C	A			TIC116F	40553
C15		C	A			S3700B	
C15A		C	A			TIC116A	40741
						S6211A	
C15B		C	A			TIC116B	40742
						S6211B	
C15C		C	A			TIC116C	40743
						S6211D	
C15E		C	A			TIC116E	
C15F		C	A			TIC116F	40741
						S6211A	

TYPE	1	2	3	EUROPEAN		AMERICAN	
C15G		C	A			TIC116B S6211B	40742
C15H		C	A			40743	S6211D
C15M		C	A			40744 S6211M	TIC116M
C15U		C	A			TIC116F	
C20			A	BA102			
C20A		C	A			40737 S6201A	TIC116A
CC20B		C	A			40738 S6201B	TIC116B
C20C		C	A			40739 S6201D	TIC116C
C20D		C	A			40739 S6201D	TIC116D
C20F		C	A			40737 S6201A	TIC116F
C20U		C	A			40737 S6201A	TIC116F
C22A		C	A			40741 S6211	TIC116A
C22B		C	A			40742 S6211B	TIC116B
C22C		C	A			40743 S6211D	TIC116C
C22D		C	A			40741 S6211D	
C22F		C	A			40741 S6211A	TIC116F
C22U		C	A			40741 S6211A	TIC116F
C30A		C	A			2N3896	
C30B		C	A			2N3897	
C30C		C	A			2N3898	
C30D		C	A			2N3898	
C30F		C	A			2N3896	
C30U		C	A			2N3896	
C31A		C	A			2N3870	
C31B		C	A			2N3871	
C31C		C	A			2N3872	
C31D		C	A			2N3872	
C31F		C	A			2N3870	
C31		C	A			2N3870	
C32A		C	A			2N3870	
C32B		C	A			2N3871	
C32C		C	A			2N3872	
C32D		C	A			2N3872	
C32F		C	A			2N3870	
C32U		C	A			2N3870	
C33A		C	A			2N3870	
C33B		C	A			2N3871	
C33C		C	A			2N3872	
C33D		C	A			2N3872	
C33F		C	A			2N3870	
C33U		C	A			2N3870	
C34A		C	A			TA7393	TAS7431B
C34A2		C	A			TA7393	TAS7431B
C34B1		C	A			TA7393	TAS7431B
C34B2		C	A			TA7393	TAS7431B
C34C1		C	A			TA7394	TAS7431D
C34C2		C	A			TA7394	TAS7431D
C34D1		C	A			TA7394	TAS7431D
C23D2		C	A			TA7394	TAS7431D
C34E1		C	A			TA7395	TAS7431G
C34E2		C	A			TA7395	TAS7431M
C34F1		C	A			TA7393	TAS7431B
C34F2		C	A			TA7993	TAS7431B
C35A		C	A			2N683	
C35B		C	A			2N685	
C35C		C	A			2N687	
C35D		C	A			2N688	
C35E		C	A			2N689	
C35F		C	A			2N682	
C35G		C	A			2N684	
C35H		C	A			2N686	
C35M		C	A			2N690	
C35U		C	A			2N681	
C36A		C	A			2N1844A	
C36B		C	A			2N1846A	

TYPE	1	2	3	EUROPEAN	AMERICAN	
C36C		C	A		2N1848A	
C36D		C	A		2N1849A	
C36E		C	A		2N1850A	
C36F		C	A		2N1843A	
C36G		C	A		2N1845A	
C36H		C	A		2N1847A	
C36M		C	A		2N690	
C36U		C	A		2N1842A	
C37A		C	A		2N3896	
C37B		C	A		2N3897	
C37C		C	A		2N3898	
C37D		C	A		2N3898	
C37E		C	A		2N3899	
C37F		C	A		2N3896	
C37G		C	A		2N3897	
C37H		C	A		2N3898	
C37M		C	A		2N3899	
C37U		C	A		2N3896	
C38A		C	A		2N683	
C38B		C	A		2N685	
C38C		C	A		2N687	
C38D		C	A		2N688	
C38E		C	A		2N689	
C38F		C	A		2N682	
C38G		C	A		2N684	
C38H		C	A		2N686	
C38U		C	A		2N681	
C40A		C	A		TA7393	TAS7431B
C40B		C	A		TA7393	TAS7431B
C40C		C	A		TA7394	TAS7431D
C40D		C	A		TA7394	TAS7431D
C40E		C	A		TA7395	TAS7431M
C40F		C	A		TA7393	TAS7431B
C40G		C	A		TA7393	TAS7431B
C40H		C	A		TA7394	TAS7431D
C40U		C	U		TA7393	TAS7431B
C103A		C	A		106A	TIC46
C103B		C	A		106B1	TIC47
C103Y		C	A		106Y1	TIC44
C103YY		C	A		106A1	TIC45
C106A		C	A		TIC106A	
C106B		C	A		TIC106B	
C106C		C	A		TIC106C	
C106D		C	A		TIC106D	
C106F		C	A		TIC106F	
C106Q		C	A		TIC106Q	
C106Y		C	A		TIC106Y	
C107A		C	A		TIC106A	
C107B		C	A		TIC106B	
C107C		C	A		TIC106C	
C107D		C	A		TIC106D	
C107F		C	A		TIC106F	
C107Q		C	A		TIC106Q	
C107Y		C	A		TIC106Y	
C110	S		A	BCZ11		
C107Y		C	A		TIC106Y	
C110	S		A	BCZ11		
C122A		C	A		TIC116A	
C122B		C	A		40868	TIC116B
					S2800B	
C122C		C	A		40869	TIC116C
					S2800D	
C122D		C	A		40869	TIC116D
					S2800D	
C122E		C	A		TIC116E	
C122F		C	A		40867	TIC116F
					S2800A	
C122G		C	A		40868	S2800B
C122Y		C	A		40867	S2800A
C135A		C	A		TA7393	TAS7431B
C135B		C	A		TA7393	TAS7431B
C135C		C	A		TA7394	TAS7431D
C135D		C	A		TA7394	TAS7431D
C135E		C	A		TA7395	TAS7431M
C135F		C	A		TA7393	TAS7431B
C135M		C	A		TA7395	TAS7431M
C137E		C	A		TA7395	TAS7431M

TYPE	1	2	3	EUROPEAN	AMERICAN		JAPANESE
C137M		C	A		TA7395	TAS7431M	
C138E		C	A		TA7395	TAS7431M	
C138M		C	A		TA7395	TAS7431M	
C139E		C	A		TA7395	TAS7431M	
C139M		C	A		TA7395	TAS7431M	
C140A		C	A		2N3650		
C140B		C	A		2N3651		
C140C		C	A		2N3652		
C140D		C	A		2N3653		
C140F		C	A		2N3649		
C141A		C	A		2N3650		
C141B		C	A		2N3651		
C141C		C	A		2N3652		
C141D		C	A		2N3653		
C141F		C	A		2N3649		
C144E15		C	A		TA7395	TAS7431M	
C144E30		C	A		TA7395	TAS7431M	
C144M15		C	A		TA7395	TAS7431	
C220A		C	A		40741	TIC126A	
					S6211A		
C220A2		C	A		40745	S6221A	
C220B		C	A		40742	TIC126B	
					S6211B		
C220B2		C	A		40746	S6221B	
C220C		C	A		40743	TIC126C	S6211D
C220C2		C	A		40747	S6221D	
C220D		C	A		40743	TIC126D	
					S6211D		
C611A		C	A		2N1596		
C611B		C	A		2N1597		
C611F		C	A		2N1595		
C611G		C	A		2N1597		
C611U		C	A		2N1595		
C1780	S		E	BY127			
C220D2		C	A		40747	S6221D	
					S6211M		
C220E2		C	A		40748	S6221M	
C220F		C	A		40741	TIC126F	
					S6211A		
C220F2		C	A		40745	S6221A	
C220U		C	A		40741	TIC126F	
					S6211A		
C220U2		C	A		40745	S6221A	
C222A		C	A		40737	TIC126A	
					S6201A		
C222B		C	A		40738	TIC126B	
					S6201B		
C222C		C	A		40739	TIC127C	
					S6201D		
C222D		C	A		40739	TIC126D	
					S6201D		
C222E		C	A		40740	TIC126E	
					S6201M		
C222F		C	A		40737	TIC126F	
					S6201A		
C222U		C	A		40737	TIC126F	
					S6201A		
C4011		Z	A	(BZX97-C6V2)			
C4012		Z	A	(BZX97-C6V8)			
C4013		Z	A	(BZX97-C7V5)			
C4014		Z	A	(BZX97-C8V2)			
C4015		Z	A	(BZX97-C9V1)			
C4016		Z	A	(BZX97-C10)			
C4017		Z	A	(BZX97-C11)			
C4018		Z	A	(BZX97-C12)			
C4019		Z	A	(BZX97-C13)			
C4020		Z	A	(BZX97-C15)			
C4021		Z	A	(BZX97-C16)			
C4022		Z	A	(BZX97-C18)			
C4023		Z	A	(BZX97-C20)			
C4024		Z	A	(BZX97-C22)			
C4025		Z	A	(BZX97-C24)			
C4026		Z	A	(BZX97-C27)			
C4027		Z	A	(BZX97-C30)			
C4028		Z	A	(BZX97-C33)			
CA10	S		E	(BA103)			
CA20	S		E	(BA108)			
CA50	S		E	(BA108)			

TYPE	1	2	3	EUROPEAN		AMERICAN	
CA100	S		E	(BA104)			
CA150	S		E	(BA105)			
CA200	S		E	(BA105)			
CA250	S		E	(BA105)			
CB200		C	A			2N3005	
CB201		C	A			2N3096	
CB202		C	A			2N3007	
CB203		C	A			2N3008	
CD200		C	A			TIC39Y	
CD201		C	A			TIC39A	
CD202		C	A			TIC39A	
CD203		C	A			TIC39B	
CER72	S		E	BY127			
CER72D	S		E	BY127			
CER720	S		E	BY127			
CG1C	S		A	OA81	OA95		
CG1E	S		A	OA81	OA95		
CG4E	S		A	OA81			
CG12E	S		A	OA90			
CG41H	S		A	OA81			
CG42H	S		A	OA81	OA85		
CG44H	S		A	OA81	OA85		
CG50H	S		A	OA81	OA85		
CG61H	G		E	BA117	OA81		
CG62H	G		E	AA117			
CG63H	G		E	AA117			
CG64H	G		E	AA113			
CG64K	S		A	OA79	AA117		
CG83H	G		A	OA47			
CG844	G		E	(AAY27)	(AAT28)		
CK705	S		A	OA85	OA95		
CK706A	S		A	OA70	OA90		
CK707	S		A	OA85	OA95		
CK708	S		A	OA85	OA95		
CK713A	S		A	OA85	OA95		
CK790	S		A	BCZ10			
CK791	S		A	BCZ11			
CL1	S		A			(IN4002)	
CL2	S		A			(IN4003)	
CL3	S		A			(IN4004)	
CL4	S		A			(IN4004)	
CL05	S		A			(IN4005)	
CL5	S		A			(IN4005)	
CL6	S		A			(IN4005)	
CL7	S		A			(IN4006)	
CL8	S		A			(IN4006)	
CM1	S		A			(IN4002)	
CM1.5	S		A			(IN4003)	
CM2	S		A			(IN4003)	
CM3	S		A			(IN4004)	
CM4	S		A			(IN4004)	
CM4-1R		V	A			TIL204*	
CM4-20KL		V	A			TIL210*	
CM4-22R		V	A			TIL210*	
CM4-23R		V	A			TIL210*	
CM4-50R		V	A			TIL302*	
CM4-100		V	A			TIL302*	
CM4-101		V	A			TIL304*	
CM4-103		V	A			TIL310*	
CM4-110		V	A			TIL302*	
CM4-111		V	A			TIL304*	
CM5	S		A			(IN4005)	
CM6	S		E			(IN4005)	
CM7	S		A			(IN4006)	
CM8	S		A			(IN4006)	
CM100		C	A			TIC106A	
CM101		C	A			TIC106A	
CM102		C	A			TIC106B	
CM103		C	A			TIC106C	
CM104		C	A			TIC106D	
CM106		C	A			TIC106A	
CM107		C	A			TIC106A	
CM108		C	A			TIC106B	
CM109		C	A				
CM110		C	A			TIC106D	

TYPE	1	2	3	EUROPEAN		AMERICAN	
COD1538	S		E	BY127			
COD1618	S		E	BY127			
CS10-02M		C	A			40737	S6201A
CS10-02N		C	A			40741	S6211A
CS10-05M		C	A			40737	S6201A
CS10-05N		C	A			40741	S6211A
CS10-1M		C	A			40737	S6201A
CS10-1N		C	A			40741	S6211A
CS10-2M		C	A			40737	S6201A
CS10-2N		C	A			40741	S6211A
CS10-4M		C	A			40738	S6201B
CS10-4N		C	A			40742	S6211B
CS10-6M		C	A			40739	S6201D
CS10-6N		C	A			40743	S6211D
CS20-02R		C	A			2N1842A	
CS20-05M		C	A			2N3870	
CS20-05N		C	A			2N3896	
CS20-05R		C	A			2N1843A	
CS20-1,5R		C	A			2N1845A	
CS20-1M		C	A			2N3870	
CS20-1N		C	A			2N3896	
CS20-1R		C	A			2N1844A	
CS20-2,5R		C	A			2N1847A	
CS20-2M		C	A			2N3871	
CS20-2N		C	A			2N3897	
CS20-2R		C	A			2N1846A	
CS20-3R		C	A			2N1848A	
CS20-4M		C	A			2N3872	
CS20-4N		C	A			2N3898	
CS20-4R		C	A			2N1849A	
CS20-5R		C	A			2N1850A	
CS20-6M		C	A			2N3873	
CS20-6N		C	A			2N3899	
CS20-6R		C	A			2N690	
CS25-02M		C	A			2N3870	
CS25-02N		C	A			2N3896	
CS25-02R		C	A			2N681	
CS25-05M		C	A			2N3870	
CS25-05N		C	A			2N3896	
CS25-05R		C	A				
CS25-1M		C	A			2N3870	
CS25-1N		C	A			2N3896	
CS25-1R		C	A			2N683	
CS25-2M		C	A			2N3871	
CS25-2N		C	A			2N3897	
CS25-2R		C	A			2N685	
CS25-3R		C	A			2N687	
CS25-4M		C	A			2N3872	
CS25-4N		C	A			2N3898	
CS25-4R		C	A			2N688	
CS25-6M		C	A			2N3873	
CS25-6N		C	A			2N3899	
CS35-02M		C	A			2N3870	
CS35-02N		C	A			2N3896	
CS35-02R		C	A			2N3896	
CS35-05M		C	A			2N3870	
CS35-05N		C	A			2N3896	
CS35-05R		C	A			2N3896	
CS35-1,5R		C	A			2N3897	
CS35-1M		C	A			2N3870	
CS35-1N		C	A			2N3896	
CS35-1R		C	A			2N3896	
CS35-2,5R		C	A			2N3898	
CS35-2M		C	A			2N3871	
CS35-2N		C	A			2N3897	
CS35-4M		C	A			2N3872	
CS35-4N		C	A			2N3898	
CS35-4R		C	A			2N3898	
CS35-6M		C	A			2N3873	
CS35-6N		C	A			2N3899	
CS35-6R		C	A			2N3899	
CS5-2T		C	A			2N3228	
CS5-4T		C	A			2N3525	
CS5-5,5T		C	A			2N4101	
CS5-6T		C	A			2N4101	

TYPE	1	2	3	EUROPEAN	AMERICAN	
CS8-02M		C	A		40737	S6201A
CS8-02N		C	A		40741	S6211A
CS8-05M		C	A		40737	S6201A
CS8-05N		C	A		40741	S6211A
CS8-1M		C	A		40737	S6201A
CS8-1N		C	A		40741	S6211A
CS8-2M		C	A		40737	S6201A
CS8-2N		C	A		40741	S6211A
CS8-3M		C	A		40738	S6201B
CS8-3N		C	A		40742	S6211B
CS8-4M		C	A		40738	S6201B
CS8-4N		C	A		40742	S6211B
CS8-6M		C	A		40739	S6201D
CS8-6N		C	A		40743	S6211D
CS302D02		C	E		S2062B	
CS304D02		C	E		S2062D	
CS305D02		C	E		S2062E	
CS306D02		C	E		S2062M	
CS0602602		C	E		S108B	
CS0604602		C	E		S108D	
CS0606602		C	E		S108M	
CS0602604		C	E		S107B	
CS0604604		C	E		S107D	
CS102603		C	E		S108B	
CS104603		C	E		S108D	
CS106603		C	E		S108E	
CS108603		C	E		S108M	
CT101-2B		T	A		40799	T4121B
CT101-4B		T	A		40800	T4121D
CT101-6B		T	A		40801	T4121M
CT102-05M		T	A		2N5567	
CT102-05N		T	A		2N5569	
CT102-1M		T	A		2N5567	
CT102-1N		T	A		2N5569	
CT102-2B		T	A		40799	T4121B
CT102-2M		T	A		2N5567	
CT102-2N		T	A		2N5569	
CT102-4B		T	A		40800	T4121D
CT102-4M		T	A		2N5568	
CT102-4N		T	A		2N5570	
CT102-5B		T	A		40801	T4121M
CT102-5M		T	A		40795	T4101M
CT102-5N		T	A		40796	T4111M
CT102-6B		T	A		40801	T4121M
CT11-1A		T	A		40528	T2302A
CT11-2A		T	A		40529	T2302B
CT11-4A		T	A		40530	T2302D
CT12-1A		T	A		2N5754	
CT12-2A		T	A		2N5755	
CT12-4A		T	A		2N5756	
CT152		T	A		2N5571	
CT152-05N		T	A		2N5573	
CT152-1M		T	A		2N5571	
CT152-1N		T	A		2N5573	
CT152-2M		T	A		2N5571	
CT152-2N		T	A		2N5573	
CT152-2T		T	A		40575	T4700B
CT152-4M		T	A		2N5572	
CT152-4N		T	A		2N5574	
CT152-4T		T	A		40576	T4700D
CT152-5M		T	A		40797	T4100M
CT152-5N		T	A		40798	T4101M
CT161-2B		T	A		40802	T4120B
CT161-4B		T	A		40803	T4120D
CT161-6B		T	A		40804	T4120M
CT162-2B		T	A		40802	T4120B
CT162-4B		T	A		40803	T4120D
CT162-6B		T	A		40804	T4120M
CT251-2D		T	A		40660	T6401B
CT251-2F		T	A		40671	T6401M
CT251-2P		T	A		40660	T6401B
CT251-2R		T	A		40662	T6411B
CT251-4D		T	A		40661	T6401D
CT251-4F		T	A		40672	T6411M
CT251-4D		T	A		40661	T6401D

TYPE	1	2	3	EUROPEAN	AMERICAN	
CT251-4R		T	A		40663	T6411D
CT251-5P		T	A		40671	T6401M
CT251-5R		T	A		40672	T6411M
CT251-6D		T	A		40671	T6401M
CT251-6F		T	A		40807	T6421M
CT251-6P		T	A		40671	T6401M
CT251-6R		T	A		40672	T6411M
CT30-1A		T	A		40525	T2300A
CT30-2A		T	A		40526	T2300B
CT30-4A		T	A		40527	T2300D
CT302-2M		T	A		40660	T6401B
CT302-2N		T	A		40662	T6411B
CT302-4M		T	A		40661	T6401D
CT302-4N		T	A		40663	T6411D
CT302-6M		T	A		40671	T6401M
CT302-6N		T	A		40672	T6411M
CT31-1A		T	A		40528	T2302A
CT31-2A		T	A		40529	T2302B
CT31-4A		T	A		40530	T2302D
CT32-05M		T	A		2N5567	
CT32-05N		T	A		2N5569	
CT32-1A		T	A		2N5754	
CT32-1M		T	A		2N5554	
CT32-1N		T	A		2N5569	
CT32-2A		T	A		2N5755	
CT32-2M		T	A		2N5567	
CT32-2N		T	A		2N5569	
CT32-4A		T	A		2N5756	
CT32-4M		T	A		2N5568	
CT32-4N		T	A		2N5570	
CT32-6A		T	A		2N5757	
CT32-6M		T	A		40795	T4101M
CT32-6N		T	A		40796	T4111M
CT33-1A		T	A		40528	T2300D
CT33-2A		T	A		40529	T2302A
CT33-4A		T	A		40530	T2302D
CT401-2D		T	A		2N5441	
CT401-2F		T	A		40688	T6420B
CT401-2M		T	A		2N5441	
CT401-2N		T	A		2N5444	
CT401-4D		T	A		2N5442	
CT401-4F		T	A		40689	T6420D
CT401-4M		T	A		2N5442	
CT401-4N		T	A		2N5445	
CT401-6D		T	A		2N5443	
CT401-6F		T	A		40690	T6420M
CT401-6M		T	A		2N5443	
CT402-2D		T	A		2N5441	
CT402-2F		T	A		40688	T6420B
CT402-2M		T	A		2N5441	
CT402-2N		T	A		2N5444	
CT402-4D		T	A		2N5442	
CT402-4F		T	A		40689	T6420D
CT402-6D		T	A		2N5443	
CT402-6F		T	A		40690	T6420M
CT41-2B		T	A		40485	T2600B
CT41-4B		T	A		40486	T2600D
CT42-2B		T	A		40485	T2600B
CT42-4B		T	A		40486	T2600D
CT61-2B		T	A		40485	T2600B
CT61-2T		T	A		40429	T2700B
CT61-4B		T	A		40486	T2600D
CT61-4T		T	A		40430	T2700D
CT62-05M		T	A		2N5567	
CT62-05N		T	A		2N5569	
CT62-1M		T	A		2N5567	
CT62-1N		T	A		2N5569	
CT62-2A		T	A		40431	
CT62-2B		T	A		40799	T4121B
CT62-2M		T	A		2N5567	
CT62-2N		T	A		2N5569	
CT62-4A		T	A		40432	
CT62-4B		T	A		40800	T4121D
CT62-4M		T	A		2N5568	
CT62-4N		T	A		2N5570	

TYPE	1	2	3	EUROPEAN		AMERICAN	
CT62-5M		T	A			40795	T4101M
CT62-5N		T	A			40796	T4111M
CT62-6B		T	A			40801	T4121M
CT62-6M		T	A			40795	T4101M
CT62-6N		T	A			40796	T4111M
CT81-2B		T	A			40799	T4121B
CT81-2M		T	A			2N5567	
CT81-2N		T	A			2N5569	
CT81-4B		T	A			40800	T4121D
CT81-4M		T	A			2N5568	
CT81-4N		T	A			2N5570	
CT81-6B		T	A			40801	T4121M
CT81-6M		T	A			40795	T4101M
CT81-6N		T	A			40796	T4111M
CT82-2B		T	A			40799	T4121B
CT82-2M		T	A			2N5567	
CT82-2N		T	A			2N5569	
CT82-4B		T	A			40800	T4121D
CT82-4N		T	A			2N5568	
						2N5570	
CT82-6B		T	A			40801	T4121M
CT82-6M		T	A			40795	T4101M
CT82-6N		T	A			40796	T4111M
CV425	G		A	OA81	AA118		
CV442	G		A	OA79			
CV448	G		A	OA81	AAY28		
				AA118			
CV1353	G		A	OA81			
CV1354	G		A	OA85			
CV3924	G		A	OA84			
CV5063	G		A	OA84			
CV5209	G		A	AAZ15			
CV5308		Z	A	OAZ203			
CV5323	S		A	OA200			
CV5324	S		A	OA200			
CV5357		Z	A	OAZ207			
CV5378		Z	A	OAZ202			
CV5379		Z	A	OAZ205			
CV5738	G		A	OA31			
CV5815		Z	A	OAZ200			
CV5816		Z	A	OAZ204			
CV5829		Z	A	OAZ206			
CV5855	G		A	OA95			
CV5864	G		A	OA47			
CV5930		Z	A	OAZ213			
CV5953	G		A	OA7			
CV5965		Z	A	OAZ210			
CV7026	S		A	BY114			
CV7027	S		A	BY114			
CV7028	S		A	BY114			
CV7029	S		A	BY100			
CV7030	S		A	BY100			
CV7040	S		A	OAZ02			
CV7041	G		A	OA95			
CV7043	S		A	BCZ10			
CV7044	S		A	BCZ11			
CV7048	G		A	AAZ15			
CV7048	G		A	AAZ15			
CV7076	G		A	OA47			
CV7099	S		A	BYZ64			
CV7100	S		A	BZY56			
CV7101	S		A	BZY57			
CV7102	S		A	BZY58			
CV7103	S		A	BZY59			
CV7104	S		A	BZY60			
CV7105	S		A	BZY61			
CV7113	S		A	BY100			
CV7114	S		A	BY100			
CV7127	G		A	AAZ17			
CV7130	G		A	OA91			
CV7141	S		A	BZY64			
CV7142	S		A	BZY63			
CV7143	S		A	BZY68			
CV7144	S		A	BZY69			
CV7311	S		A	BZY13			

TYPE	1	2	3	EUROPEAN		AMERICAN
CV7312	S		A	BZY13		
CV7313	S		A	BZY12		
CV7314	S		A	BZY11		
CV7315	S		A	BZY10		
CV7316	S		A	BZY19		
CV7317	S		A	BZY19		
CV7318	S		A	BZY18		
CV7319	S		A	BZY17		
CV7320	S		A	BZY16		
CV7332	S		A	OA202		
CV7364	S		A	AAZ12		
CV7369	G		A	OA91		
CV7389	S		A	AAZ13		
CV8035	G		A	OA70		
CV8036	G		A	OA81		
CV8086	G		A	OA5		
CV8099		Z	A	OAZ211		
CV8110	S		A	BZY11		
CV8243	G		A	OA70		
CV8332	G		A	OA90		
CV8339		Z	A	OAZ201		
CV8340	S		A	OAZ202		
CV8510	S		A	BZY61		
CV8992	S		A	BYX10		
D4	S		A	BY100		
D6HZ	S		E	BA133F		(IN4005)
D8HZ	S		E	BA133F		(IN4006)
D15A	S		A	BY114		
D15C	S		A	BY114		
D18	S		E			(IN4002)
D25C	S		A	BY114		(IN4003)
D28	S		E			(IN4003)
D45C	S		A	BY100		(IN4004)
D45CZ	S		E			(IN4004)
D48	S		E			(IN4004)
D65C	S		A	BY100		(IN4005)
D68	S		E			(IN4005)
D85C	S		A	BY127	BY100	(IN4006)
D88	S		E			(IN4006)
D105C	S		A	BY127	BY100	
D125C	S		A	BY100		
D1102A		D	A			40266
D1102B		D	A			40267
D1201A		D	A			44002
D1201B		D	A			44003
D1201D		D	A			44004
D1201F		D	A			44001
D1201M		D	A			44005
D1201N		D	A			44006
D1201P		D	A			44007
D1410A		D	A			40109
D1410AR		D	A			40109R
D1410B		D	A			40110
D1410BR		D	A			40110R
D1410C		D	A			40111
D1410CR		D	A			40111R
D1410D		D	A			40112
D1410DR		D	A			40112R
D1410E		D	A			40113
D1410ER		D	A			40113R
D1410F		D	A			40108
D1410FR		D	A			40108R
D1410M		D	A			40114
D1410MR		D	A			40114R
D1410N		D	A			40115
D1410NR		D	A			40115R
D2101S		D	A			40892
D2103S		D	A			40891
D2103SF		D	A			40890
D2101A		D	A			44934
D2201B		D	A			44935
D2201D		D.	A			44936
D2201F		D	A			44933
D2201M		D	A			44937
D2201N		D	A			44938

TYPE	1	2	3	EUROPEAN		AMERICAN	
D2406A		D	A			43380	
D2406AR		D	A			43880R	
D2406B		D	A			43881	
D2406BR		D	A				
D2406FR		D	A			43879R	
D2406C		D	A			43882	
D2406CR		D	A			43882 R	
D2406D		D	A			43883	
D2406DR		D	A			43883R	
D2406F		D	A			43879	
D2406M		D	A			43884	
D2406MR		D	A			43884R	
D2412A		D	A			43890	
D2412AR		D	A			43890R	
D2412B		D	A			43891	
D2412BR		D	A			43891 R	
D2412C		D	A			43892	
D2412CR		D	A			43892 R	
D2412D		D	A			43893	
D2412DR		D	A			43893R	
D2412F		D	A			43889	
D2412FR		D	A			43889B	
D2412M		D	A			43894	
D2412MR		D	A			43894 R	
D2520A		D	A			43900	
D2520AR		D	A			43900R	
D2520B		D	A			43901	
D2520BR		D	A			43901 R	
D2520C		D	A			4390	
D2520CR		D	A			43902 R	
D2520D		D	A			43903	
D2520DR		D	A			43903R	
D2520F		D	A			43899	
D2520FR		D	A			43899R	
D2520M		D	A			43904	43904R
D2540A		D	A			40957	
D2540AR		D	A			40957R	
D2540B		D	A			40958	
D2540BR		D	A			40985R	
D2540D		D	A			40959	
D2540DR		D	A			40959R	
D2540F		D	A			40956	
D2540FR		D	A			40956R	
D2540M		D	A			40960	
D2540MR		D	A			40960R	
						40644	
D2600EF		D	A			40643	
D2601EF		D	A			40642	
D3202Y		D	A			45411	
D3202U		D	A			45412	
DATA-LIT3		V	A			TIL302*	
DATA-LIT6		V	A			TIL302*	
DATA-LIT8		V	A			TIL302*	
DATA-LIT10		V	A			TIL302*	
DATA-LIT10A		V	A			TIL302*	
DATA-LIT57		V	A			TIL305*	
DATA-LIT81		V	A			TIL304*	
DATA-LIT101		V	A			TIL304*	
DATA-LIT101A		V	A			TIL304*	
DATA-LIT300		V	A			TIXL360*	
DD058	S		A	BY127			
DD268	S		A	BY127			
D1485	S		A	BY127			
D1585	S		A	BY127			
D165	S		A	BY127			
DK13	G		A	OA47			
DP6	G		A	OA95	OA85	IN618	
DP6C	G		A	OA95	OA85	IN618	
DP6R	G		A	2XOA79			
DP7	G		A	OA85			
DP10	G		A	OA85			
DR5		Z	A	OAZ201			
DR6		Z	A	OAZ201			
DR7		Z	A	OAZ205			
DR100	S	Z	A	BY114			

TYPE	1	2	3	EUROPEAN			AMERICAN	
DR128	S		A	BA100				
DR313	S		A	OA95	OA81		IN618	
DR464	S		A	BY127	OA90			
DS60	S		A	OA95	OA85		IN618	
DS61	S		A	OA95	OA85		IN618	
DS61A	S		A	OA95	OA85		IN618	
DS62	S		A	OA95	OA85		IN618	
DS604	S		A	OA95	OA81		IN618	
DS611	S		A	OA95	OA81		IN618	
DS621	S		A	OA95	OA81		IN618	
DX6393	S		A	BAY45				
DZ10A		Z	A	OAZ212	BZX55D10			
DZ12A		Z	A	OAZ213				
DZ15A		Z	E	(BZY83-C15)				
DZ18A		Z	E	(BZY83-C18)				
DZ22A		Z	E	(BZY83-C22)				
DZ27A		Z	E	(BZY83-C27)				
DZ33A		Z	E	(BZY83-C33)				
E11	S		A	BY127				
E21	S		A	BY127				
E41	S		A	BY127				
E61	S		A	BY127				
E81	S		A	BY127				
E101	S		A	BY127				
E473A		L	A				TIL31*	
E498		L	A				TIL31*	
EA080	S		A	BY127				
EC00102	S		A	BA105				
EC106A1		C	A				S106A	
EC106B1		C	A				S106B	
EC106M1		C	A				S106M	
EC107A1		C	A				S107A	
EC107B1		C	A				S107B	
EC107M1		C	E				S107M	
ED123		L	A				TIL210*	
ED150		L	A				TIL209*	
ED201		V	A				TIL302*	
ED203		V	A				TIL310*	
ED360		L	A				TIL32*	
ED401		P	A				TIL81*	
ED702		O	A				TIL111*	
ED2911	S		A	BY127				
ED2923	S		A	BY127				
EM401	S		E				(IN4002)	
EM402	S		E				(IN4003)	
EM404	S		E				(IN4004)	
EM406	S		E				(IN4005)	
EM408	S		E				(IN4006)	
EM410	S		E				(IN4007)	
EM513	S		E				(IN4007)	
ER81	S		A	BY127				
ER308	S		A	BY127				
ER900		D	A				IN5411	
ERD800	S		A	BY127				
ESM100	S		E	BAY45			IN4002	
F42	S		A	BY127				
F82	S		A	BY127				
FB050	S		A	BY164				
ED100	S		A	BAX13	BAY61		IN4153	
FD111	S		A	BAX12				
FD200	S		A	BAY98				
FD600	S		A	BAV10				
FD700	S		A	BAX13	BAW75			
FD777	S		A	BAX13				
FD666	S		A	BAV10				
FDH600	S		A	BAV10				
FDH666	S		A	BAX13				
FDH694	S		A	BAX13				
FDN600	S		A	BAW56				
FDN666	S		A	BAW56				
FDR300	S		A	BYX10				
FDR600	S		A	BAV10				
FDR700	S		A	BAX13				
FLD100		L	A				TIL32*	
FLV100		V	A				TIL209*	

TYPE	1	2	3	EUROPEAN			AMERICAN	
FLV101		V	A				TIL209*	
FLV102		V	A				TIL209*	
FLV110		V	A				TIL209*	
FND10		V	A				TIL310*	
FND10A		V	A				TIL310*	
FND21		V	A				TIXL360*	
FPLA810		O	A				TIL112*	
FPLA820		O	A				TIL111*	
FPM200		P	A				TIL613*	
FPO200		P	A				TIL613*	
FSA1169	S		A				FSA2781M	
FSA1171	S		A				FSA2782M	
FSA1172	S		A				FSA2782M	
FSA1173	S		A				FSA2783M	
FSA1174	S		A				FSA2784M	
FSA1175	S		A				FSA2786M	
FSA1176	S		A				FSA1411M	
FSA1177	S		A				FSA2775M	
FSA1178	S		A				FSA2775M	
FSA1179	S		A				FSA2776M	
FSA1181	S		A				FSA2776M	
FSA1182	S		A				FSA2777M	
FSA1183	S		A				FSA2778M	
FSA1184	S		A				FSA2787M	
FSA1185	S		A				FSA2787M	
FSA1186	S		A				FSA2704M	
FSA1187	S		A				FSA2705M	
FSA1188	S		A				FSA2788M	
FSA1189	S		A				FSA2788M	
FSA1191	S		A				FSA2702M	
FSA1192	S		A				FSA2703M	
FSA1193	S		A				FSA2702M	
FSA1194	S		A				FSA2703M	
FSA1195	S		A				FSA2773M	
FSA1196	S		A				FSA2774M	
FSA1197	S		A				FSA2704M	
FSA1198	S		A				FSA2705M	
FSA1199	S		A				FSA2770M	
FSA1201	S		A				FSA2770M	
FSA1202	S		A				FSA2781M	
FSA1203	S		A				FSA2783M	
FSA1204	S		A				FSA2785M	
FTI1869		C	A				TIC39T	
FT2009		C	A				TIC39Y	
FT2010		C	A				TIC39Y	
G2.5/9	G		A	OA95	OA85		IN618	
G4/10	G		A	OA95	OA70		IN618	
G4/12	G		A	OA95			IN618	
G5/2	G		A	OA90	AA119		IN87A	
G5/4	G		A	OA90	OA81		IN87A	
G5/5	G		A	AA119				
G5/6	G		A	OA95	OA81		IN618	
G5/61	G		A	OA95	IN618			
G5/65	G		A	OA79				
G5/103	G		A	AA119	OA79			
G5/104	G		A	AA119	OA81			
G5/105	G		A	AA119				
G5/161	G		A	OA95	OA85		IN618	
G26	G		A	OA95	OA85		IN618	
G48	G		A	OA95	OA79		IN618	
G50	G		A	OA85				
G53	G		A	OA70				
G60	G		A	OA85				
G63	G		A	OA95	OA85		IN618	
G65	G		A	OA85				
G66	G		A	OA85				
G67	G		A	OA95	OA85		IN618	
G68	G		A	OA95	OA85		IN618	
G69	G		A	OA95	OA85		IN618	
G89	S		A	BYZ13				
G100B	S		A				(IN4002)	
G498	G		A	AAZ17				
G498.1	G		A	AAZ17				
G504	S		A	BYZ13				
G506	S		A	BYY22				
G510	G		A	OA85				

TYPE	1	2	3	EUROPEAN		AMERICAN	
G580	G		A	AAZ18			
G603	G		A	OA79			
G604	S		A	BYZ13			
G1004	S		A	BYZ13			
G1006	S		A	BYZ13			
G1010	S		A	BYZ22			
G1050	S		A	BY127	BY100		
G1204	S		A	BYX38/1200			
G1206	S		A	BYX38/1200			
G2004	S		A	BYZ13			
G2006	S		A	BYZ13			
G2010	S		A	BYY22			
G4004	S		A	BYZ12			
G4006	S		A	BYZ12			
G4010	S		A	BYY24			
G6004	S		A	BYX38/600	BYZ11		
G6006	S		A	BYX38/600	BYZ11		
G8004	S		A	BYZ10			
G8006	S		A	BYZ10			
GA1	S		A	OA85	OA81	IN618	
GA200		C	A			TIC45	
GA200A		C	A			TIC45	
GA201		C	A			TIC39A	
GA201A		C	A			TIC39A	
GA300		C	A			TIC45	
GA300A		C	A			TIC45	
GA301		C	A			TIC39A	
GA301A		C	A			TIC39A	
GA200		C	A			TIC116	
GA200A		C	A			TIC116	
GA300		C	A			TIC106A	
GA300A		C	A			TIC106A	
GD1E	G		A	AA119 BAY28	OA85		
GD1P	G		A	2-AA119	2-OA79		
GD1Q	G		A	OA95	OA85	IN618	
GD2E	G		A	OA95 AAY28	OA85	IN618	
GD2Q	G		A	OA95	OA85	IN618	
GD3	G		A	OA90	OA70	IN87A	
GD3E	G		A	OA95 AAY28	OA85	IN618	
GD4	G		A	OA79			
GD4E	G		A	AA119 AAY28	OA85		
GD4S	G		A	AA119			
GD5	G		A	AA119	OA79		
GD5E	G		A	AA119 AAY27	OA81		
GD6	G		A	OA90	OA70	IN87A	
GD6E	G		A	AA119 AAY27	OA79		
GD8	G		A	OA85	OA81	IN618	
GD8E	G		A	OA90 AAY27	AAZ15	IN87A	
GD11E	G		A	OA90 AAY28	OA70	IN87A	
GD12	G		A	OA70	OA70		
GD12E	G		A	OA90 AAY28	OA70	IN87A	
GD13E	G		A	OA90 AAY22(30V)	OA79	IN87A	
GD45	G		A	OA81			
GD71E	G		A	AA119	OA70		
GD71E2	G		A	OA90	OA70	IN87A	
GD71E3	G		A	OA90	OA70	IN87A	
GD71E4	G		A	OA90	OA70	IN87A	
GD71E5	G		A	OA90	OA70	IN87A	
GD72/3	G		A	AA119			
GD72E	G		A	OA79			
GD72E/3	G		A	OA70	OA79		
GD72E/4	G		A	AA119	OA70		
GD72E/5	G		A	OA95	OA70	IN618	
GD73E	G		A	AAY55			

TYPE	1	2	3	EUROPEAN		AMERICAN	
GD73E/3	G		A	AA119			
GD73E/4	G		A	AA119			
GD74E/3	G		A	OA95		IN618	
GD74E/4	G		A	OA95		IN618	
GD74E/5	G		A	OA95	AA119	IN618	
GD731	G		A	AAY53			
GD732	G		A	AAY54			
GD733	G		A	AAY55			
GER4001	S		A			IN4001	
GER4002	S		A			IN4002	
GER4003	S		A			IN4003	
GER4004	S		A			IN4004	
GER4005	S		A			IN4005	
GEX12	G		A	OA90			
GEX13	G		A	OA95			
GEX23	G		A	OA81	AA113		
GEX24	G		A	OA95			
GEX34	G		A	OA79			
GEX35	G		A	OA79			
GEX36	G		A	OA90	OA73	IN87A	
GEX37	G		A	OA90	OA70	IN87A	
GEX44	G		A	OA95	OA81	IN618	
GEX45/1	G		A	OA95	OA81	IN618	
GEX45/2	G		A	OA95	OA85	IN618	
GEX54	G		A	OA95	OA181	IN618	
GEX58	G		A	OA85			
GEX61	G		A	OA81			
GEX71	G		A	AAZ13			
GEX941	G		A	AAZ15			
GEX942	G		A	AAZ15			
GEX943	G		A	AAZ15			
GEX944	G		A	AAZ15			
GEX945	G		A	AAZ15			
GEX946	G		A	AAZ15			
GEX951	G		A	AAZ17			
GEX952	G		A	AAZ17			
GSD2	G		A	OA95		IN618	
GSD4/10	G		A	OA95	OA81	IN618	
GSD4/12	G		A	OA95	OA85	IN618	
GSD5/2	G		A	OA90	OA79	IN87A	
GSD5/4	G		A	AA119	OA79		
GSD5/6	G		A	OA95	OA81	IN618	
GSD5/61	G		A	OA95	OA81	IN618	
GSD5/62	G		A	OA95	OA81	IN618	
GSD5/103	G		A	2-AA119	20A79		
GSD5/104	G		A	2AA119	2-OA79		
GSD5/105	G		A	2-AA119	2-OA79		
GSD5/106	G		A	2-AA119	2-OA79		
GSD5/116	G		A	2-OA79			
GSD5/161	G		A	2-AA119	2-OA79		
GSD5-162	G		A	2-OA79			
GST2/5/9	G		A	OA81	OA85		
GT40	G		A			40583	
GX54	G		A	OA85			
GZ10A		Z	A	BZZ20			
GZ12A		Z	A	BZZ22			
GZ15A		Z	A	BZZ24			
GZ18A		Z	A	BZZ26			
GZ22A		Z	A	BZZ28			
HD2053	G		A	OA85	OA95	IN618	
HD2057	G		A	OA85	OA95	IN618	
HD2060	G		A	OA85	OA95	IN618	
HD2063	G		A	OA85	OA95	IN618	
HD6005	S		A	OA200			
HG1005	G		A	OA81	OA85		
HG1012	G		A	OA70	OA73		
HG5008	G		A	OA47			
HG5087	G		A	AAZ17			
HG5095	G		A	AAZ15			
HG5808	G		A	OA47			
HH103		T	A			40528	T2302A
HH103SS		T	A			40525	T2300A
HH113		T	A			40528	T2302A
HH113SS		T	A			40525	T2300A
HH123		T	A			40529	

TYPE	1	2	3	EUROPEAN	AMERICAN	
HH133		T	A		40529	T2302B
HH143		T	A		40529	T2302B
HH213SS		T	A		40526	T2300B
HH313SS		T	A		40527	T2300D
HH413SS		T	A		40527	T2300D
HM6.8		Z	A	(BZX83-C6V8)		
HM6.8A		Z	A	(BZX83-C6V8)		
HM6.8B		Z	A	(BZX83-C6V8)		
HM7.5		Z	A	(BZX83-C7V5)		
HM7.5A		Z	A	(BZX83-C7V5)		
HM7.5B		Z	A	(BZX83-C7V5)		
HM8.2		Z	A	(BZX83-C8V2)		
HM8.2A		Z	A	(BZX83-C8V2)		
HM8.2B		Z	A	(BZX83-C8V2)		
HM9.1		Z	A	(BZX83-C9V1)		
HM9.1A		Z	A	(BZX83-C9V1)		
HM9.1B		Z	A	(BZX83-C9V1)		
HM10		Z	A	(BZX83-C10)		
HM10A		Z	A	(BZX83-C10)		
HM10B		Z	A	(BZX83-C10)		
HM11		Z	A	(BZX83-C11)		
HM11A		Z	A	(BZX83-C11)		
HM11B		Z	A	(BZX83-C11)		
HM12		Z	A	(BZX83-C12)		
HM12A		Z	A	(BZX83-C12)		
HM12B		Z	A	(BZX83-C12)		
HM13		Z	A	(BZX83-C13)		
HM13A		Z	A	(BZX83-C13)		
HM13B		Z	A	(BZX83-C13)		
HM15		Z	A	(BZX83-C15)		
HM15A		Z	A	(BZX83-C15)		
HM15B		Z	A	(BZX83-C15)		
HM16		Z	A	(BZX83-C16)		
HM16A		Z	A	(BZX83-C16)		
HM16B		Z	A	(BZX83-C16)		
HM18		Z	A	(BZX83-C18)		
HM18A		Z	A	(BZX83-C18)		
HM18B		Z	A	(BZX83-C18)		
HM20		Z	A	(BZX83-C20)		
HM20A		Z	A	(BZX83-C20)		
HM20B		Z	A	(BZX83-C20)		
HM22		Z	A	(BZX83-C22)		
HM22A		Z	A	(BZX83-C22)		
HM22B		Z	A	(BZX83-C22)		
HM24		Z	A	(BZX83-C24)		
HM24A		Z	A	(BZX83-C24)		
HM24B		Z	A	(BZX83-C24)		
HM27		Z	A	(BZX83-C27)		
HM27A		Z	A	(BZX83-C27)		
HM27B		Z	A	(BZX83-C27)		
HM30		Z	A	(BZX83-C30)		
HM30A		Z	A	(BZX83-C30)		
HM30B		Z	A	(BZX83-C30)		
HM33		Z	A	(BZX83-C33)		
HM33A		Z	A	(BZX83-C33)		
HM33B		Z	A	(BZX83-C33)		
HCE39	S		A	KL034		
HR878		C	A		2N3006	
HR878A		C	A		2N3002	
HR879A		C	A		TIC39A	
HR879		C	A		TIC39A	
HR3028		C	A		TIC46	
HR3029		C	A		TIC46	
HR3031		C	A		TIC46	
HR3032		C	A		TIC39A	
HS08		C	A		40378	
HS18		C	A		40378	
HS28		C	A		40378	
HS38		C	A		40379	
HS48		C	A		40479	
HS58		C	A		40838	
HS68		C	A		40838	
HS101	S		A	BAY33		

TYPE	1	2	3	EUROPEAN		AMERICAN	
HS1001	S		E	(BAY45)			
HS1002	S		E	BAY45			
HS1003	S		E	BAY45			
HS1004	S		E	(BAY44)			
HS1005	S		E	BAY44			
HS1006	S		E	BAY44			
HS1007	S		A	OA202			
HS1008	S		A	OA202			
HS1009	S		A	OA202			
HS1010	S		A	OA200			
HS1011	S		A	OA200			
HS1012	S		A	OA200			
HS2027		Z	E	(BZX83-C2V7)			
HS2030		Z	E	(BZX83-C3V0)			
HS2033		Z	E	(BZX83-C3V3)			
HS2036		Z	E	(BZX83-C3V6)			
HS2039		Z	E	(BZX83-C3V9)			
HS2043		Z	A	OA208			
HS2047		Z	A	OAZ200	BZY85C4V7		
HS2051		Z	A	OAZ201			
HS2056		Z	A	OAZ202			
HS2062		Z	A	BZZ10	OAZ203		
HS2068		Z	A	BZZ11	OAZ204		
				BZX55C6V8			
HS2075		Z	A	BZZ12	OAZ205		
HS2075		Z	A	BZX55C7V5			
HS2082		Z	A	BZZ13	OAZ206		
HS2091		Z	A	OAZ207			
HS2120		Z	A	OAZ213	BZX55C12		
HS2150		Z	A	BZX55C15			
HS2180		Z	A	BZX55C18			
HS2200		Z	A	BZX55C20			
HS2220		Z	E	(BZX83-C22)			
HS2240		Z	E	(BZX83-C24)			
HS2270		Z	E	(BZX83-C27)			
HS2300		Z	E	(BZX83-C30)			
HS2330		Z	E	(BZX83-C33)			
HS3105	S		A	BA133			
HS3108	S		A	BA133			
HS9010	S		A	BAW75			
HT06		T	A			40485	T2600B
HT16		T	A			40485	T2600B
HT26		T	A			40485	T2600B
HT36		T	A			40486	T2600D
HT46		T	A			40486	T6200D
HT101		T	A			40528	T2302A
HT102		T	A			2N5754	
HT111		T	A			40528	T2302A
HT112		T	A			2N5754	
HT121		T	A			40529	T2302B
HT122		T	A			2N5755	
HT141		T	A			40530	T2302D
HT142		T	A			2N5756	
HT152		T	A			2N5757	
HT162		T	A			2N5757	
HT302		T	A			40485	T2600B
HT312		T	A			40485	T2600B
HT322		T	A			40485	T2600B
HT342		T	A			40486	T2600D
HT352		T	A			40948	
HT362		T	A			40948	
HT402		T	A			40900	T2850A
HT412		T	A			40900	T2850A
HT422		T	A			40901	T2850B
HT612		T	A			40900	T2850A
HT622		T	A			40901	T2850B
HT642		T	A			40902	T2850D
HT812		T	A			40900	T2850A
HT822		T	A			40901	T2850B
HT842		T	A			40902	T2850D
HT1022		T	A			40799	T4121B
HT1042		T	A			40800	T4121D
HT1052		T	A			40801	T4121M
HT1062		T	A			40801	T4121M

TYPE	1	2	3	EUROPEAN		AMERICAN	
HT1622		T	A			40802	T4120B
HT1642		T	A			40803	T4120D
HT1652		T	A			40804	T4120M
HT1662		T	A			40804	T4120M
HT2522		T	A			40660	T6401B
HT2542		T	A			40661	T6401D
HT2552		T	A			40671	T6401M
HT2562		T	A			40671	T6401M
HT4022		T	A			2N5441	
HT4042		T	A			2N5442	
HT4052		T	A			2N5443	
HT4062		T	A			2N5444	
HP5082-4104*		L	A			TIL31*	
HP5082-4107		L	A			TIL23*	
HP5082-4120		L	A			TIL31*	
HP5082-4201		P	A			TIXL80*	
HP5082-4203		P	A			TIXL80*	
HP5082-4204		P	A			TIXL80*	
HP5082-4205		P	A			TIXL80*	
HP5082-4207		P	A			TIXL80	
HP5082-4220		P	A			TIXL80	
HP5082-4220		P	A			TIXL80	
HP5082-4301		O	A			TIXL109*	
HP5082-4303		O	A			TIXL109*	
HP5082-4309		O	A			TIXL109	
HP5082-4317		O	A			TIL102*	
HP5082-4320		O	A			TIL107*	
HP5082-4400		V	A			TIL204*	
HP5082-440B		V	A			TIL210*	
HP5082-4405		V	A			TIL203*	
HP5082-4410		V	A			TIL210*	
HP5082-4415		V	A			TIL210*	
HP5082-4417		V	A			TIL210*	
HP5082-4420		V	A			TIL204*	
HP5082-4440		V	A			TIL210*	
HP5082-4444		V	A			TIL210*	
HP5082-7000		V	A			TIL306*	
HP5082-7001		V	A			TIL306*	(3 reg'd)
HP5082-7018		V	A			TIL304*	(with sep. logic)
HP5082-7100		V	A			TIL305*	
HP5082-7101		V	A			TIL305*	
HP5082-7102		V	A			TIL305*	
HP5082-7210		V	A			TIXL360*	
HP5082-7211		V	A			TIXL360*	
HP5082-7212		V	A			TIXL360*	
HP5082-7215		V	A			TIXL360*	
HP5082-7216		V	A			TIXL360*	
HP5082-7217		V	A			TIXL360*	
HP5082-7300		V	A			TIL306*	(with sep. logic)
HP5082-7302		V	A			TIL306*	
HP5082-7304		V	A			TIL304*	(with sep. logic)
IR-LIT40		L	A			TIXL26*	
IR-LIT60		L	A			TIL32*	
IS44	S		A			SSi-B-0540	
IS46	S		A			SSi-B-0580	
IS79	S		A	AAY27			
IS100	S		A			SSi-B-0610	
IS103	S		A			SSi-B-0740	
IS105	S		A			SSi-B-0740	
IS115	S		A	BA133			
IS120	S		A	BAY42			
IS134	S		A	BA133			
IS136	S		A	BA133			
IS137		Z	A	BZX55C15			
IS144	S		A	BA133			
IS920	S		A	BAY42	BAY44		
IS921	S		A	BA131A			
IS922	S		A	BAY45			
IS923	S		A	BAY46			
IS2047A		Z	A	BZY85C4V7			
IS2051A		Z	A	BZY85C5V1			
IS2056A		Z	A	BZX55C5V6			
IS2062A		Z	A	BZX55C6V2			
IS2068A		Z	A	BZX55C6V8			
IS2075A		Z	A	BZX55C7V5			

TYPE	1	2	3	EUROPEAN		AMERICAN	
IS2082A		Z	A	BZX55C8V2			
IS2091A		Z	A	BZX55C9V1			
IS2100A		Z	A	BZX55C10			
IS2110A		Z	A	BZX55C11			
IS2120A		Z	A	BZX55C12			
IS2130A		Z	A	BZX55C13			
IS2150A		Z	A	BZX55C15			
IS2160A		Z	A	BZX55C16			
IS2180A		Z	A	BZX55C18			
IS2200A		Z	A	BZX55C20			
IS2220		Z	A	BZX55C20			
IS2240A		Z	A	BZX55C24			
IS2270A		Z	A	BZX55C27			
IS2300		Z	A	BZX55C30			
IS2330A		Z	A	BZX55C33			
IS7051A		Z	A	BZX85C5V1			
IS7056A		Z	A	BZY85C5V6	BZX55C5V6		
IS7062A		Z	A	BZY85C6V2	BZX55C6V2		
IS7062B		Z	A	BZY85C6V2	BZX55C6V2		
IS7068A		Z	A	BZY85C6V8	BZX55C6V8		
IS7074A		Z	A	BZY85C7V4			
IS7082		Z	A	BZY85D8V2	BZX55D8V2		
IS7100A		Z	A	BZX55D10			
IS7120A		Z	A	BZX55C12			
IS7150A		Z	A	BZX55C15			
ISO-LIT1		O	A			TIL111*	
ISO-LIT12		O	A			TIL112*	
ISO-LIT16		O	A			TIL112*	
IT06		T	A			40668	T2800B
IT16		T	A				
IT26		T	A			40668	T2800B
IT36		T	A			40669	T2800D
IT46		T	A			40669	T2800D
ITT33	S		E	(BAW76)			
ITT44	S		E	(BAW76)	(BAY63)		
ITT600	S		A	BAW62			
ITT601	S		A			IN4150	
ITT700	S		A			IN4150	
ITT777	S		A			IN4150	
IWP	S		A	BY127			
K.5/9	G		A	OA81			
K4/10	G		A	OA85			
K5/2	G		A	OA70			
K5/4	G		A	AA119			
K5/5	G		A	OA79			
K5/6	G		A	OA81			
K5/61	G		A	OA81			
K5/62	G		A	AAY11			
K5/103	G		A	AA119			
K5/104	G		A	OA79			
K5/161	G		A	OA81			
K540	S		A	BYZ14			
K1040	S		A	BYZ14			
K2040	S		A	BYZ14			
K3040	S		A	BYY73			
K4040	S		A	BYY115			
K6040	S		A	BYY77			
K8040	S		A	BYX15			
KS36A		Z	A	BZY83C6V8			
KS37A		Z	A	OAZ203	BZY83C6V8		
KS38A		Z	A	OAZ204	BZY83C6V8		
KS38B		Z	A	BZZ11			
KS39A		Z	A	OAZ205			
KS40A		Z	A	OAZ206	BZY83C8V2		
KS40B		Z	A	BZZ13			
KS41A		Z	A	BZY38C9V1			
KS44A		Z	A	BZY83C12			
KS77B		Z	A	BZX55C9V1			
L2000K3		T	A			40526	T2300B
L2000K4		T	A			2N5755	
L2000K5		T	A			40691	T2301B
L2000K7		T	A			40529	T2302B
L2000K9		T	A			2N5755	
L2001L3		T	A			40526	T2300B
L2001L4		T	A			2N5755	

TYPE	1	2	3	EUROPEAN	AMERICAN	
L2001L5		T	A		40691	T2301B
L2001L7		T	A		40529	T2302B
L2001L9		T	A		2N5755	
L2001M3		T	A		40526	T2300B
L2001M4		T	A		2N5755	
L2001M5		T	A		40691	T2301B
L2001M7		T	A		40529	T2302B
L2001M9		T	A		2N5755	
L4000K3		T	A		40527	T2300D
L4000K4		T	A		2N5756	
L4000K5		T	A		40692	T2301D
L4000K7		T	A		40530	T2302D
L4000K9		T	A		2N5756	
L4001L3		T	A		40527	T2300D
L4001L4		T	A		2N5756	
L4001L5		T	A		40692	T2301D
L4001L7		T	A		40530	T2302D
4001L9		T	A		2N5756	
4001M3		T	A		40527	T2300D
L4001M4		T	A		2N5756	
L4001M5		T	A		T2301D	40692
L4001M7						
L4001M9		T	A		2N5756	
LD100		V	A		TIL203*	
LEA-400		L	A		TIL23*	
LEA-409-X-X		L	A		TIL131*	
LEA-500		L	A		TIL23*	
LR33N		Z	E	BZX83-C3V3		
LR36H		Z	E	BZX83-C3V6		
LR39CH		Z	E	BZX83-C3V9		
LR43CH		Z	E	BZX83-C4V3		
LR47CH		Z	E	BZX83-C4V7		
LR51C		Z	E	BZX83-C5V1		
LR56C		Z	E	BZX83-C5V6		
LR62C		Z	E	BZX83-C6V2		
LR68C		Z	E	BZX83-C6V8		
LR75C		Z	E	BZX83-C7V5		
LR82C		Z	E	BZX83-C8V2		
LR91C		Z	E	BZX83-C9V1		
LR100C		Z	E	BZX83-C10		
LR110C		Z	E	BZX83-C11		
LR120C		Z	E	BZX83-C12		
LR130C		Z	E	BZX83-C13		
LR150C		Z	E	BZX83-C15		
LR160C		Z	E	BZX83-C16		
LR180C		Z	E	BZX83-C18		
LR200C		Z	E	BZX83-C20		
LR220C		Z	E	BZX83-C22		
LR240C		Z	E	BZX83-C24		
LR270C		Z	E	BZX83-C27		
LR300C		Z	E	BZX83-C30		
LR330C		Z	E	BZX83-C33		
MAC1-1		T	A		2N5567	TIC226B
MAC1-2		T	A		2N5567	TIC226B
MAC1-3		T	A		2N5567	TIC226B
MAC1-4		T	A		2N5567	TIC226B
MAC1-5		T	A		2N5568	TIC226D
MAC1-6		T	A		2N5568	TIC226D
MAC1-7		T	A		40795	T4101M
MAC1-8		T	A		40795	T4101M
MAC2-1		T	A		2N5569	TIC226B
MAC2-2		T	A		2N5569	TIC226B
MAC2-3		T	A		2N5569	TIC226B
MAC2-4		T	A		2N5569	TIC226B
MAC2-5		T	A		2N5570	TIC226D
MAC2-6		T	A		2N5570	TIC226D
MAC2-7		T	A		40796	T411M
MAC2-8		T	A		40796	T4111M
MAC3-1		T	A		2N5567	TIC226B
MAC3-2		T	A		2N5567	TIC226B
MAC3-3		T	A		2N5567	TIC226B
MAC3-4		T	A		2N5568	TIC226D
MAC3-5		T	A		2N5568	TIC226D
MAC3-6		T	A		2N5568	TIC226D

TYPE	1	2	3	EUROPEAN	AMERICAN	
MAC3-7		T	A		40795	T4101M
MAC3-8		T	A		40795	T4101M
MAC4-1		T	A		2N5567	TIC226B
MAC4-2		T	A		TIC226B	
MAC4-3		T	A		2N5567	TIC226B
MAC4-4		T	A		2N5567	TIC226B
MAC4-5		T	A		2N5568	TIC226D
MAC4-6		T	A		2N5568	TIC226D
MAC4-7		T	A		40795	T4101M
MAC4-8		T	A		40795	T4101M
MAC5-1		T	A		2N5569	TIC226B
MAC5-2		T	A		2N5569	TIC226B
MAC5-3		T	A		2N5569	TIC226B
MAC5-4		T	A		2N5569	TIC226B
MAC5-5		T	A		2N5570	TIC226D
MAC5-6		T	A		2N5570	TIC226D
MAC5-7		T	A		40796	T4111M
MAC5-8		T	A		40796	T4111M
MAC6-1		T	A		2N5567	TIC226B
MAC6-2		T	A		2N5567	TIC226B
MAC6-3		T	A		2N5567	TIC226B
MAC6-4		T	A		2N5567	TIC226B
MAC6-5		T	A		2N5568	TIC226D
MAC6-6		T	A		2N5568	TIC226D
MAC6-7		T	A		40795	T4101M
MAC6-8		T	A		40795	T4101M
MAC7-1		T	A		TIC226B	
MAC7-2		T	A		TIC226B	
MAC7-3		T	A		TIC226B	
MAC7-4		T	A		TIC226B	
MAC7-5		T	A		TIC226D	
MAC7-6		T	A		TIC226D	
MAC8-1		T	A		TIC226B	
MAC8-2		T	A		TIC226B	
MAC8-3		T	A		TIC226B	
MAC8-		T	A		TIC226B	
MAC8-5		T	A		TIC226D	
MAC8-6		T	A		TIC226D	
MAC9-1		T	A		TIC226D	
MAC9-2		T	A		TIC226B	
MAC9-3		T	A		TIC226B	
MAC9-4		T	A		TIC226B	
MAC9-5		T	A		TIC226D	
MAC9-6		T	A		TIC226D	
MAC10-1		T	A		40668 TIC226B	T2800B
MAC10-2		T	A		40668 TIC226B	T2800B
MAC10-3		T	A		40668 TIC226B	T2800B
MAC10-4		T	A		40668 TIC226B	T2800B
MAC10-5		T	A		40669 TIC226D	T2800D
MAC10-6		T	A		40669 TIC226D	T2800D
MAC10-7		T	A		40842	T2801DF
MAC10-8		T	A		40842	T2801DF
MAC11-1		T	A		40668 TIC226B	T2800B
MAC11-2		T	A		40668 TIC226B	T2800B
MAC11-3		T	A		40668 TIC226B	T2800B
MAC11-4		T	A		40668 TIC226B	T2800B
MAC11-5		T	A		40669 TIC226D	T2800D
MAC11-6		T	A		40669 TIC226D	T2800D
MAC11-7		T	A		40842	T2801DF
MAC11-8		T	A		40842	T2801DF
MAC35-1		T	A		40660 TIC263B	T6401B
MAC35-2		T	A		40660 TIC263B	T6401B
MAC35-3		T	A		40660 TIC263B	T6401B
MAC35-4		T	A		40660 TIC263B	T6401B

TYPE	1	2	3	EUROPEAN	AMERICAN	
MAC35-5		T	A		40661	T6401D
					TIC263D	
MAC35-6		T	A		40661	T6401D
					TIC263D	
MAC35-7		T	A		40671	T6401M
					TI263E	
MAC361		T	A		40662	T6411B
MAC36-1		T	A		40662	T6411B
MAC36-1		T	A		TIC263B	
MAC36-2		T	A		40662	T6411B
					TIC263B	
MAC36-3		T	A		40662	T6411B
					TIC263B	
MAC36-4		T	A		40662	T6411B
					TIC263B	
MAC36-5		T	A		40663	T6411D
					TIC263D	
MAC36-6		T	A		40663	T6411D
					TIC263D	
MAC36-7		T	A		40672	T6411M
					TIC263E	
MAC37-1		T	A		40660	T6401B
					TIC263B	
MAC37-2		T	A		40660	T6401B
					TIC263B	
MAC37-3		T	A		40660	T6401B
					TIC263B	
MAC37-4		T	A		40660	T6401B
					TIC263B	
MAC37-5		T	A		40661	T6401D
					TIC263D	
MAC37-6		T	A		40661	T6401D
					TIC263D	
MAC37-7		T	A		40671	T6401M
					TIC263E	
MAC38-1		T	A		40662	T6411B
					TIC263B	
MAC38-2		T	A		40662	T6411B
					TIC263B	
MAC38-3		T	A		40662	T6411B
					TIC263B	
MAC38-4		T	A		40662	T6411B
					TIC263B	
MAC38-5		T	A		40663	T6411D
					TIC263D	
MAC38-6		T	A		40663	T6411D
					TIC263D	
MAC38-7		T	A		40672	T6411M
					TIC263E	
MAC77-1		T	A		40668	T2800B
					TIC206A	
MAC77-2		T	A		40668	T2800B
					TIC206A	
MAC77-3		T	A		40668	T2800B
					TIC206A	
MAC77-4		T	A		40668	T2800B
					TIC206B	
MAC77-5		T	A		40669	T2800D
					TIC206D	
MAC77-6					40669	T2800D
					TIC206D	
MAC77-7		T	A		40842	T2801DF
MAC77-8		T	A		40842	T2801DF
MAN1		V	A		TIL302*	
MAN1A		V	A		TIL302*	
MAN1B		V	A		TIL302*	
MAN1BA		V	A		TIL302*	
MAN2		V	A		TIL305*	
MAN2A		V	A		TIL305*	
MAN3		V	A		TIL310*	
MAN3A		V	A		TIL310*	
MAN4		V	A		TIL302*	
MAN1001		V	A		TIL304*	
MAN1001A		V	A		TIL304*	
MAN1002		V	A		TIXL311*	
MAN1002A		V	A		TIXL311*	
MC19	S		A	(BAY45)		
MC51	S		A	(BAY46)		
MCA2-30		O	A		TIXL113*	
MCA2-55		O	A		TIXL113*	
MCD1		O	A		TIL111*	
MCD2		O	A		TIL111*	
MCD4		O	A		TIL102*	

TYPE	1	2	3	EUROPEAN	AMERICAN	
MCR101		C	A		106Q1	TIC44
MCR102		C	A		106Y1	TIC44
MCR103		C	A		106A1	TIC45
MCR104		C	A		106A1	TIC46
MCR106-1		C	A		S2060Y	TIC106Y
MCR106-2		C	A		S2060F	TIC106A
MCR106-3		C	A		S2060A	TIC106A
MCR106-4		C	A		S2060B	TIC106B
MCR106-5		C	A		S2060C	
MCR106-6		C	A		S2060D	
MCR106-7		C	A		S2060E	
MCR106-8		C	A		S2060M	
MCR107-1		C	A		40654	S2600B
MCR107-2		C	A		40654	S6200B
MCR107-3		C	A		40654	S2600B
MCR107-4		C	A		40654	S2600B
MCR107-5		C	A		40655	S2600D
MCR107-6		C	A		40655	S2600D
MCR107-7		C	A		40833	S2600M
MCR107-8		C	A		40833	S2600M
MCR115		C	A		106B1	TIC47
MCR120		C	A		106B1	TIC47
MCR201		C	A		106Q1	
MCR202		C	A		106Y1	
MCR203		C	A		106A1	
MCR204		C	A		106A1	
MCR205		C	A		106B1	
MCR206		C	A		106B1	
MCR406-1		C	A		106Y1	TIC106Y
MCR406-2		C	A		106A1	TIC106A
MCR406-3		C	A		106A1	TIC106A
MCR406-4		C	A		106B1	TIC106B
MCR407-1		C	A		107Y1	TIC106Y
MCR407-2		C	A		107A1	TIC106A
MCR407-3		C	A		107A1	TIC106A
MCR407-4		C	A		107B1	TIC106B
MCR649-1		C	A		40749	S6200A
MCR649-2		C	A		40749	S6200A
MCR649-3		C	A		40749	S6200A
MCR649-4		C	A		40750	S6200B
MCR649-5		C	A		40751	S6200D
MCR649-6		C	A		40751	S6200D
MCR649-7		C	A		40752	S6200M
MCR846-1		C	A		40553	S6201A
MCR846-2		C	A		40553	S6201A
MCR846-3		C	A		40553	S6201A
MCR846-4		C	A		40553	S6201A
MCR1336-5		C	A		40554	S6201B
MCR1336-6		C	A		40554	S6201B
MCR1336-7		C	A		40555	S6201D
MCR1336-8		C	A		40555	S6201D
MCR1718-5		C	A		TA7394	
MCR1718-6		C	A		TA7394	
MCR1718-7		C	A		TA7395	
MCR1718-8		C	A		TA7395*	
MCR1907-1		C	A		2N3896	
MCR1907-2		C	A		2N3896	
MCR1907-3		C	A		2N3896	
MCR1907-4		C	A		2N3897	
MCR1907-5		C	A		2N3898	
MCR1907-6		C	A		2N3898	
MCR2315-1		C	A		40741 TIC116F	S6211A
MCR2315-2		C	A		40741 TIC116F	S6211A
MCR2315-3		C	A		40741 TIC116A	S6211A
MCR2315-4		C	A		40742 TIC116B	S6211B
MCR2315-5		C	A		40743 TIC116D	S6211D
MCR2315-6		C	A		40743 TIC116D	S6211D
MCR2614L-1		C	A		40737	S6201A
MCR2614L-2		C	A		40737	S6201A
MCR2614L-3		C	A		40737	S6201A

TYPE	1	2	3	EUROPEAN	AMERICAN	
MCR2614L-4		C	A		40738	S6201B
MCR2614L-5		C	A		40739	S6201D
MCR2614L-6		C	A		40739	S6201D
MCR3000-1		C	A		40867	S2800A
					TIC116F	
MCR3000-2		C	A		40867	S2800A
					TIC116F	
MCR3000-3		C	A		40867	S2800A
					TIC116A	
MCR3000-4		C	A		40868	S2800B
					TIC116B	
MCR3000-5		C	A		40869	S2800B
					TIC116D	
MCR3000-6		C	A		40869	S2800D
					TIC116D	
MCR3000-7		C	A		40870	S2800M
					TIC116E	
MCR3000-8					40870	S2800M
					TIC116M	
MCR3818-1(9)		C	A.		40749	S6200A
MCR3818-3(9)		C	A		40749	S6200A
MCR3818-5(9)		C	A		40751	S6200D
MCR3818-7(9)		C	A		40752	S6200M
MCR3835-1		C	A		2N3870	
MCR3835-2		C	A		2N3870	
MCR3835-2		C	A		2N3870	
MCR3835-4		C	A		2N3871	
MCR3835-5		C	A		2N3872	
MCR3835-6		C	A		2N3872	
MCR3835-7		C	A		2N3873	
MCR3835-8		C	A		2N3873	
MCR3918-(9)		C	A		40753	S6210A
MCR3918-3(9)		C	A		40753	S6210A
MCR3918-5(9)		C	A		40755	S6210D
MCR3918-7(9)		C	A		40756	S6210M
MCR3935-1		C	A		2N3896	
MCR3935-2		C	A		2N3896	
MCR3935-3		C	A		2N3896	
MCR3935-4		C	A		2N3897	
MCR3935-5		C	A		2N3898	
MCR3935-6		C	A		2N3898	
MCR3935-7		C	A		2N3898	
MCR3935-8		C	A		2N3899	
MCT1		O	A		TIL107*	
MCT2		O	A		TIL111*	
MCT2E		O	A		TIL111*	
MCT4		O	A		TIL102*.	
MCT5-10		O	A		TIL109* spec.	
MCT26		O	A		TIL112*	
MDA6101		V	A		TIL308*	
ME1		L	A		TIL24*	
ME2		L	A		TIXL27*	
ME2A		L	A		TIXL27*	
ME3		L	A		TIL23*	
ME4		L	A		TIXL26*	
ME5		L	A		TIXL27*	
ME5A		L	A		TIXL27*	
ME6		L	A		TIL23*	
ME7		L	A		TIL23*	
ME60		L	A		TIL32*	
M120C		L	A		TIXL26*	
MLED50		V	A		TIL209*	
MLED60		L	A		TIL32*	
MLED90		L	A		TIL32*	
MLED600		V	A		TIL209*	
MLED610		V	A		TIL206*	
MLED630		V	A		TIL203*	
MLED900		L	A		TIL32*	
MLED910		L	A		TIL23*	
MLED930		L	A		TIL31*	
MOC1000		O	A		TIL111*	
MOR33		V	A		TIL310*	
MPC1		V	A		TIL310*	
MPC2		V	A		TIXL360*	
MPC3		V	A		TIXL360*	
MRD200		P	A		TIL603*	
MRD210		P	A		TIL601*	

TYPE	1	2	3	EUROPEAN	AMERICAN	
MRD250		P	A		TIL602*	
MRD500		P	A		LSX900*	
MRD510		P	A		LSX900*	
MV2		V	A		SL1181	
MV3		V	A		TIL203*	
MV5		V	A		TIL205*	
MV10A		V	A		TIL205	
MV10A3		V	A		TIL205	
MV10B		V	A		TIL203	
MV10B3		V	A		TIL203	
MV10C		V	A		TIL204*	
MV50		V	A		TIL209*	
MV50A		V	A		TIL209*	
MV5010		V	A		TIL210*	
MV5011		V	A		TIL210*	
MV5012		V	A		TIL210*	
MV5013		V	A		TIL210*	
MV5020		V	A		TIL210	
MV5021		V	A		TIL210*	
MV5022		V	A		TIL210*	
MV5023		V	A		TIL210	
MV5024		V	A		TIL210	
MV5025		V	A		TIL210*	
MV5030		V	A		TIL210*	
MV5033		V	A		TIL210*	
MV5080		V	A		TIL209*	
MV5082		V	A		TIL209*	
MZ500-1		Z	A	(BZX83-C2V4)		
MZ500-2		Z	A	(BZX83-C2V7)		
MZ500-3		Z	A	(BZX83-C3V0)		
MZ500-4		Z	A	(BZX83-C3V3)		
MZ500-5		Z	A	(BZX83-C3V6)		
MZ500-6		Z	A	(BZX83-C3V9)		
MZ500-7		Z	A	(BZX83-C4V3)		
MZ500-8		Z	A	(BZX83-C4V7)		
MZ500-9		Z	A	(BZX83-C5V1)		
MZ500-10		Z	A	(BZX83-C5V6)		
MZ500-11		Z	E	(BZX83-C6V2)		
MZ500-12		Z	A	(BZX83-C6V8)		
MZ500-13		Z	E	(BZX83-C7V5)		
MZ500-14		Z	E	(BZX83-C8V2)		
MZ500-15		Z	A	(BZX83-C9V1)		
MZ500-16		Z	A	(BZX83-C10)		
MZ500-17		Z	A	(BZX83-C11)		
MZ500-18		Z	A	(BZX83-C12)		
MZ500-19		Z	E	(BZX83-C13)		
MZ500-20		Z	E	(BZX83-C15)		
MZ500-21		Z	A	(BZX83-C16)		
MZ500-22		Z	A	(BZX83-C18)		
MZ500-23		Z	A	(BZX83-C20)		
MZ500-24		Z	A	(BZX83-C22)		
MZ500-25		Z	A	(BZX83-C24)		
MZ500-26		Z	A	(BZX83-C27)		
MZ500-27		Z	A	(BZX83-C30)		
MZ500-28		Z	A	(BZX83-C33)		
NL-C35A		C	A		2N683	
NL-C35B		C	A		2N685	
NL-C35C		C	A		2N687	
NL-C35D		C	A		2N688	
NL-C35E		C	A		2N689	
NL-C35G		C	A		2N684	
NL-C35H		C	A		2N686	
NL-C35M		C	A		2N689	
NL-C36A		C	A		2N1844A	
NL-C36B		C	A		2N1846A	
NL-C36C		C	A		2N1848A	
NL-C36D		C	A		2N1843A	
NL-C36E		C	A		RN1850A	
NL-C36G		C	A		2N1845A	
NLC36H		C	A		2N1847A	
NL-C40A		C	A		2N3650	
NL-C40B		C	A		2N3651	
NL-C40C		C	A		2N3652	
NL-C40D		C	A		2N3654	
NL-C40E		C	A		S7410M	

TYPE	1	2	3	EUROPEAN		AMERICAN	
NL-C40G		C	A			2N3651	
NL-C40H		C	A			2N3652	
NL570M		C	A				
NTP5V6		Z	E	BZX97-C5V6			
NTP6V2		Z	E	BZX97-C6V2			
NTP6V8		Z	E	BZX97-C6V8			
NTP7V5		Z	E	BZX97-C7V5			
NTP8V2		Z	E	BZX97-C8V2			
NTP9V1		Z	E	BZX97-C9V1			
NTP10		Z	E	BZX97-C10			
NTP11		Z	E	BZX97-C11			
NTP12		Z	E	BZX97-C12			
NTP13		Z	E	BZX97-C13			
NTP15		Z	E	BZX97-C15			
OA21	G		E	OA90		IN87A	
OA30	G		E	OA95		IN618	
OA51	G		E	OA95		IN618	
OA52	G		E	OA95		IN618	
OA53	G		E	OA95		IN618	
OA54	G		E	OA95		IN618	
OA55	G		E	OA95		IN618	
OA56	G		E	OA95		IN618	
OA57	G		E	OA95		IN618	
OA58	G		E	OA95		IN618	
OA59	G		E	OA90		IN87A	
OA60	G		E	OA90		IN87A	
OA61	G		E	OA95		IN618	
OA70	G		E	OA90		IN87A	
OA71	G		E	OA95	AA116	IN618	
OA72	G		E	AA119			
OA73	G		E	OA90		IN87A	
OA74	G		E	OA95		IN618	
OA79	G		E	AA119	AA113	IN541	
OA79/01	G		E	AA119	OA79	IN541	
OA80/10	G		E	OA95		IN618	
OA81	G		E	OA95	OA91	IN476	IN618
				AA117			
OA81C	G		E	OA95		IN618	
OA85	G		E	OA95	AAY28	IN478	IN618
				AA115			
OA85C	G		E	OA95		IN618	
OA90	G		E	AA116		IN87A	
OA91	G		E	AA117		IN617	
OA95	G		E	AA118		IN618	
OA100/30	G		E	OA95		IN618	
OA150	G		E	OA95	OA91	IN618	
				AA117			
OA160	G		E	OA90	AA116	IN87A	
OA161	G		E	OA95	OA91	IN618	
OA172	G		E	2-AA119			
OA174	G		E	OA95	OA91	IN618	
				AA113			
OA179	G		E	AA119			
OA210	S		E	BY126	BY127	SSIBO140	
OA211	S		E	BY127	SSIBO780		
OA214	S		E	BY127	SSIBO780		
OA257	S		E	OA90	AAY22	IN87A	
OA258	S		E	OA90	GD86E	IN87A	
OA261	S		E	OA95	AA117	IN618	
OA265	S		E	OA95	AA118	IN618	
OA266	S		E	OA95	AA118	IN618	
OA357	S		A	AA116			
OA358	S		A	AAY27			
OA359	S		A	AAY27			
OA361	S		A	AA117			
OA366	S		A	AA118			
OAZ200		Z	E	BZY83C5V1			
OAZ201		Z	E	BZY83C5V6			
OAZ202		Z	E	BZY83C6V2			
OAZ203		Z	E	BZY83C6V2	BZY83C6V8		
OAZ204		Z	E	BZY83C6V8			
OAZ205		Z	E	BZY83C7V5			
OAZ206		Z	E	BZY83C8V2			
OAZ207		Z	E	BZY83C9V1			
OAZ208		Z	E	BZY83C4V7	BZY83D4V7		

TYPE	1	2	3	EUROPEAN		AMERICAN	
OAZ209		Z	E	BZY83D5V6			
OAZ210		Z	E	BZY83D6V8	BZY83C5V2		
OAZ211		Z	E	BZY83C6V8	BZY83C7V5		
OAZ212		Z	E	BZY83C8V2	BZY83C9V1		
OAZ213		Z	E	BZY83C11	BZY83C12		
OAZ242		Z	E	BZY83C13V5	BZY83C15		
OAZ243		Z	E	BZY83D5V6	BZY84C6V2		
OAZ244		Z	E	BZY83C6V8			
OAZ245		Z	E	BZY83C7V5			
OAZ246		Z	E	BZY83D8V2			
OAZ247		Z	E	BZY83C9V1			
OAZ268		Z	E	BZX83-C4V3			
OAZ269		Z	E	BZX83-C5V1			
OAZ270		Z	E	BZX83-C6V2			
OAZ271		Z	E	BZX83-C7V5			
OAZ272		Z	E	BZX83-C9V1			
OAZ273		Z	E	BZX83-C12			
OP100		L	A			TIL23	
OP122		L	A			TIL23	
OP123		L	A			TIL23	
OP490		P	A			LSX900	
OP790		P	A			LSX900	
OP900		P	A			LSX900	
OP1020		O	A			TIXL111	
OP1022		O	A			TIL111	
OP1023		O	A			TIXL109	
OP1025		O	A			TIXL109	
OP1030		O	A			TIXL109	
OP1032		O	A			TIL112	
OP1033		O	A			TIXL109	
OP1035		O	A			TIXL109	
OP1060		O	A			TIXL109	
OP1062		O	A			TIL112	
OP1063		O	A			TIXL109	
OP1065		O	A			TIXL109	
OP1090		O	A			TIXL109	
OSL-1		V	A			TIL206	
OSL-2		V	A			TIL206	
OSL-3		V	A			TIL204	
OSL-4		V	A			TIL206	
PC15-26		O	A			TIL108	
PC73		O	A			TIL103	
PS020		C	A			40749	S6200A
PS035		C	A			2N3870	
PS08		C	A			40737	S6201A
PS18		C	A			40737	S6201A
PS28		C	A			40738	S6201B
PS38		C	A			40739	S6201D
PS48		C	A			40739	S6201D
PS58		C	A			40740	S6201M
PS68		C	A			40740	S6201M
PS120		C	A			40749	S6200A
PS135		C	A			2N3870	
PS220		C	A			40750	S6200B
PS235		C	A			2N3871	
PS320		C	A			40751	S6200D
PS335		C	A			2N3872	
PS420		C	A			40751	S6200D
PS435		C	A			2N3872	
PS520		C	A			40752	S6200M
PS535		C	A			2N3873	
PS620		C	A			40752	S6200M
PS635		C	A			2N3873	
PS735						40937	S6400N
PS835		C	A			40937	S6400N
PT010		T	A			2N5567	
PT015		T	A			2N5571	
PT025/30		T	A			40660	T6401B
PT040		T	A			2N5541	
PT06		T	A			2N5567	
PT16		T	A			2N5567	
PT26		T	A			2N5567	
PT36		T	A			2N5568	
PT46		T	A			2N5568	
PT56		T	A			40795	T4101M

TYPE	1	2	3	EUROPEAN	AMERICAN		JAPANESE
PT66		T	A		40795	T4101M	
PT110		T	A		2N5567		
PT115		T	A		2N5571		
PT125/130		T	A		40660	T6401B	
PT140		T	A		2N5441		
PT210		T	A		2N5567		
PT215		T	A		2N5571		
PT225/230		T	A		40660	T6401B	
PT240		T	A		2N5441		
PT310		T	A		2N5568		
PT315		T	A		2N5572		
PT325/330		T	A		40661	T6401D	
PT340		T	A		2N5442		
PT410		T	A		2N5568		
PT415		T	A		2N5572		
PT425/430		T	A		40661	T6401D	
PT440		T	A		2N5442		
PT510		T	A		40796	T4111M	
PT515		T	A		40797	T4100M	
PT525/530		T	A		40671	T6401M	
PT540		T	A		2N5443		
PT610		T	A		40796	T4111M	
PT615		T	A		40797	T4100M	
PT625/630		T	A		40671	T6401M	
PT640		T	A		2N5443		
PT740		T	A		40925	T6400N	
PT840		T	A		40925	T6400N	
Q2001L3		T	A		40529	T2302B	
Q2001L4		T	A		2N5755		
Q2001NS2		T	A		40529	T2302B	
Q2001M2		T	A		2N5755		
Q2001P		T	A		TIC215B		
Q2001PS		T	A		TIC215B		
Q2001PST		T	A		TIC215B		
Q2001PT		T	A		TIC215B		
Q2003LT		T	A		40431		
Q2003LU		T	A		40485	T2600B	
Q2003P		T	A		40485	T2600B	
Q2003PT		T	A		TIC226B		
Q2004		T	A		40901	40668	TIC226B
					T2805B	T2800B	
Q2004A		T	A		TIC226B		
Q2004B		T	A		TIC226B		
Q2004LH		T	A		40668	40901	
					T2800B	T2850B	
Q2004T		T	A		TIC226B		
Q2006		T	A		40901	40668	
Q2006LN		T	A		40668	40901	
					T2800B	T2850B	
Q2008		T	A		2N5567	40799	
					T4121B		
Q2010		T	A		2N5567	40799	
					T4121B		
Q2015		T	A		2N5571	40802	
					T4120B		
Q2004TA		T	A		TIC226B		
Q2004TB		T	A		TIC226B		
Q2006		T	A		TIC226B		
Q2006A		T	A		TIC226B		
Q2006B		T	A		TIC226B		
Q2006T		T	A		TIC226B		
Q2006TA		T	A		TIC226B		
Q2006B		T	A		TIC226B		
Q2008A		T	A		TIC226B		
Q2008B		T	A		TIC226B		
Q2008TA		T	A		TIC226B		
Q2008TB		T	A		TIC226B		
Q2010		T	A		TIC246B		
Q2010A		T	A		TIC246B		
Q2010B		T	A		TIC246B		
Q2010T		T	A		TIC236B		
Q2010TA		T	A		TIC236B		
Q2010B		T	A		TIC246B		
Q2015		T	A		TIC253B		
Q2015A		T	A		TIC253B		
Q2015B		T	A		TIC253B		

TYPE	1	2	3	EUROPEAN	AMERICAN		JAPANESE
Q2015T		T	A		TIC253B		
Q2015TA		T	A		TIC253B		
Q2015TB		T	A		TIC253B		
Q2025		T	A		40660	40662	T6411B
					40805	T6401B	T6421B
					TIC253B		
Q2025C		T	A		TIC253B		
Q2025D		T	A		TIC263B		
Q2040		T	A		2N5441	2N5444	
					40688	T6420B	
Q4001L3		T	A		40530	T2302D	
Q4001L4		T	A		2N5756		
Q4001MS2		T	A		40530	T2302D	
Q4001M2		T	A		2N5756		
Q4003LT		T	A		40432		
Q4003L4		T	A		40486	T2600D	
Q4003P		T	A		40485	T2600B	
Q4003PT		T	A		40432		
Q4004		T	A		40902	T2850D	TIC226D
					40669	T2800D	
Q4004A		T	A		TIC226D		
Q4004B		T	A		TIC226D		
Q4004L4		T	A		40669	40902	
					T2800D	T2850D	
Q4004T		T	A		TIC226D		
Q4004TB		T	A		TIC226D		
Q4006		T	A		40902	40669	
					T2850D	T2800D	
Q4006A		T	A		TIC226D		
Q4006LT		T	A		40669	40902	
					T2800D	T2850D	
Q4006L4		T	A		40669	40902	
					T2800D	T2850D	
Q4008		T	A		2N5568	40800	
					T4121D		
Q4008A		T	A		TIC226D		
Q4008B		T	A		TIC246D		
Q4008TA		T	A		TIC246D		
Q4008TB		T	A		TIC246D		
Q4010		T	A		2N5568	40800	
					T4121D	TIC246D	
Q4010A		T	A		TIC246D		
Q4010A		T	A		TIC246D		
Q4010B		T	A		TIC246D		
Q4010T		T	A		TIC246D		
Q4010TB		T	A		TIC246D		
Q4015		T	A		2N5572	40803	
					T4120D		
Q4025		T	A		40661	40663	T6411D
					40806	T6401D	T6421D
					TIC263D		
Q4025C		T	A		TIC263D		
Q4025D		T	A		TIC263D		
Q4020		T	A		2N5442	2N5445	
					40689	T6420D	
Q5004		T	A		TIC216D		
Q5004A		T	A		TIC216D		
Q5004B		T	A		TIC216D		
Q5006A		T	A		TIC253E		
Q5006B		T	A		TIC253E		
Q5006LT		T	A		40669	40902	
					T2800D	T2850D	
Q5006L4		T	A		40669	40902	
					T2800D	T2850D	
Q5006TA		T	A		TIC253E		
Q5006TB		T	A		TIC253E		
Q5008		T	A		40795	40801	
					T4101M	T4121M	
					TIC253E		
Q5008A		T	A		TIC253E		
Q5008B		T	A		TIC253E		
Q5008T		T	A		TIC253E		
Q5008TA		T	A		TIC253E		
Q5008TB		T	A		TIC253E		
Q5010		T	A		40795	40801	
					T4101M	T4121M	
Q5015		T	A		40797	40804	
					T4100M	T4120M	

TYPE	1	2	3	EUROPEAN	AMERICAN		JAPANESE
Q5025		T	A		40671 40807	40672 T6401M	T6411M
Q5040		T	A		2N5443 40690	2N5446 T6420M	
Q6006LT		T	A		40669 T2800D	40902 T2850D	
Q6006L4		T	A		40669 T2800D	40902 T2850D	
Q6008		T	A		40795	T4101M	
Q6010		T	A		40795 T4101M	40801 T4121M	
Q6015		T	A		40797 T4100M TIC253M	40804 T4120M	
Q6015A		T	A		TIC253M		
Q6015T		T	A		TIC253M		
Q6015TA		T	A		TIC253M		
Q6015TB		T	A		TIC253M		
Q6025		T	A		40671 40807	40672 T6401M	T6421M
Q6040		T	A		40690 2N5446	2N5443 T6420M	
Q8006LT		T	A		40669 T2800D	40902 T2850D	
Q8006L4		T	A		40669 T2800D	40902 T2850D	
Q8040		T	A		40925 40927	40926 T6400N	T6410N T6420N
QSL-1		P	A		1N2175		
QSL-11		P	A		H11		
QSL-35		P	A		H35		
QSL-38		P	A		H38		
QSL-60		P	A		H60		
QSL-61		P	A		H61		
QSL-62		P	A		H62		
QZ15T5		Z	E	BXZ55C15			
QZ15T10		Z	E	BZX55D15			
R7M-192-X		V	A		TIXL360		
RCA106A		C	A		S2060A		
RCA106B		C	A		S2060B		
RCA106C		C	A		S2060C		
RCA106D		C	A		S2060D		
RCA106E		C	A		S2060E		
RCA106F		C	A		S2060F		
RCA160M		C	A		S2060M		
RCA106Q		C	A		S2060Q		
RCA106Y		C	A		S2060Y		
RCA107A		C	A		S2061A		
RCA107B		C	A		S2061B		
RCA107C		C	A		S2061C		
RCA107D		C	A		S2061D		
RCA107E		C	A		S2061E		
RCA107F		C	A		S2061F		
RCA107M		C	A		S2061M		
RCA107Q		C	A		S2061Q		
RCA107Y		C	A		S2061Y		
RCA108A		C	A		S2062A		
RCA108B		C	A		S2062B		
RCA108C		C	A		S2062C		
RCA108D		C	A		S2062D		
RCA108E		C	A		S2062E		
RCA108F		C	A		S2062F		
RCA108M		C	A		S2062M		
RCA108Q		C	A		S2062Q		
RCA108Y		C	A		S2062Y		
RED-LIT2		V	A		TIL210		
RED-LIT4		V	A		TIL203		
RED-LIT7		V	A		TIL204		
RED-LIT50		V	A		TIL209		
RL6/2/2	G		E	AA119			
RL6/2/10	G		E	AA119			
RL6/2/40	G		E	AA119			
RL6/4/2	G		E	AA113			
RL6/4/10	G		E	AA113			
RL6/4/40	G		E	AA113			
RL6/8/2	G		E	AA117			
RL6/8/10	G		E	AA117			
RL6/8/40	G		E	AA118			

TYPE	1	2	3	EUROPEAN		AMERICAN	
RL31g	G		E	AA113			
RL32g	G		E	AA119			
RL34g	G		E	AA113			
RL41g	G		E	AA116			
RL43g	G		E	AA117			
RL44g	G		E	AA118			
RL52	G		E	AA119			
RL53	G		E	AA117			
RL54	G		E	AA118			
RL101	G		E	AA116			
RL102	G		E	AA116			
RL103	G		E	AA113			
RL104	G		E	AA119			
RL105	G		E	AA119			
RL106	G		E	AA119			
RL107	G		E	AAY27			
RL108	G		E	AAY28			
RL109	G		E	AAY27			
RL110	G		E	AA113			
RL111	G		E	AA113			
RL112	G		E	AA113			
RL113	G		E	AA113			
RL114	G		E	AA117			
RL115	G		E	AA117			
RL116	G		E	AA117			
RL118	G		E	AA117			
RL119	G		E	AA117			
RL120	G		E	AAY28			
RL121	G		E	AA118			
RL122	G		E	AA118			
RL131	G		E	AA119			
RL132	G		E	AA119			
RL133	G		E	AA116			
RL141	G		E	AA116			
RL143	G		E	AA117			
RL201	G		E	AAY28			
RL202	G		E	AAY28			
RL203	G		E	AAY28			
RL204	G		E	AAY28			
RL205	G		E	AAY28			
RL206	G		E	AAY28			
RL207	G		E	AAY28			
RL208	G		E	AAY28			
RL209	G		E	AAY28			
RL232	G		E	AA119			
RL232g	G		E	AA119	(matched)		
RL233	G		E	AA113			
RL247g	G		E	AA118	(matched)		
RL252	G		E	AA119	(matched)		
RTA0101		C	A			107Q1	2N3005
RTA0103		C	A			107Y1	2N3005
RTA0106		C	A			107A1	2N3006
RTA0110		C	A			107A1	TIC39A
RTA0115		C	A			107B1	2N3008
RTA0120		C	A			107B1	2N3008
RTB0101		C	A			107Q1	2N3005
RTB0103		C	A			107Y1	2N3005
RTB0106		C	A			107A1	2N3006
RTB0110		C	A			107A1	TIC39A
RTB0115		C	A			107B1	2N3008
RTB0120		C	A			108B1	2N3008
RTB0125		C	A			107C1	2N1598
RTB0130		C	A			107C1	2N1598
RTB0201		C	A			107Q1	2N3005
RTB0203		C	A			107Y1	2N3005
RTB0206		C	A			107A1	2N3006
RTB0210		C	A			107A1	TIC39A
RTB0215		C	A			107B1	2N3008
RTB0220		C	A			107B1	2N3008
RTB0225		C	A			107C1	2N1598
RTB0230		C	A			107C1	2N1598
RTB0301		C	A			106Q1	2N3005
RTB0303		C	A			106Y1	2N3005
RTB0306		C	A			106A1	2N3006
RTB0310		C	A			106A1	TIC39A

TYPE	1	2	3	EUROPEAN	AMERICAN	
RTB0315		C	A		106B1	2N3008
RTB0320		C	A		106B1	2N3008
RTB0325		C	A		106C1	2N1598
RTB0330		C	A		106C1	2N1598
RTB040		C	A		2N3001	
RTB0403		C	A		2N3001	
RTB0406		C	A		2N3002	
RTB0410		C	A		TIC39A	
RTB0415		C	A		2N3004	
RTB0420		C	A		2N3008	
RTB0425		C	A		2N1598	
RTB0430		C	A		2N1598	
RTB0501		C	A		2N3001	
RTB0503		C	A		2N3005	
RTB0506		C	A		2N302	
RTB0510		C	A		TIC39A	
RTB0515		C	A		2N3004	
RTB0520		C	A		2N3004	
RTB0525		C	A		2N1598	
RTB0530		C	A		2N1598	
RTB0601		C	A		2N3001	
RTB0603		C	A		2N3001	
RTB0606		C	A		2N3002	
RTB0608		C	A		2N3002	
RTB0610		C	A		TIC39A	
RTB0615		C	A		2N3004	
RTB0620		C	A		2N3004	
BTC0101		C	A		107Q1	2N3005
BTC0103		C	A		107Y1	2N3005
BTC0106		C	A		107A1	2N3006
BTC0110		C	A		107A1	2N3007
BTC0115		C	A		107B1	2N3004
BTC0120		C	A		107B1	2N3004
BTC0125		C	A		107C1	2N1598
BTC0130		C	A		107C1	2N1598
RTC0201		C	A		107Q1	2N3005
RTC0203		C	A		107Y1	2N3005
RTC0206		C	A		107A1	2N3006
RTC0210		C	A		107A1	2N3009
RTC0215		C	A		107B1	2N3008
RTC0220		C	A		107B1	TIC116B
RTC0225		C	A		107C1	2N1598
RTC0230		C	A		107C1	2N1598
RTC0301		C	A		106Q1	2N3005
RTC0303		C	A		106Y1	2N3005
RTC0306		C	A		106A1	2N3006
RTC0310		C	A		106A1	2N3007
RTC0315		C	A		106B1	2N3008
RTC0320		C	A		106B1	2N3008
RTC0325		C	A		106C1	2N1598
RTC0330		C	A		106C1	2N1598
RTC0401		C	A		2N3001	
RTC0403		C	A		2N3001	
RTC0406		C	A		2N3002	
RTC0410		C	A		2N3003	
RTC0415		C	A		2N3008	
RTC0420		C	A		2N3008	
RTC0425		C	A		2N1598	
RTC0430		C	A		2N1598	
RTC0501		C	A		2N3001	
RTC0503		C	A		2N3001	
RTC0506		C	A		2N3002	
RTC0510		C	A		2N3003	
RTC0515		C	A		2N3004	
RTC0520		C	A		2N3004	
RTC0525		C	A		2N1598	
RTC0530		C	A		2N1598	
RTC0601		C	A		2N3001	
RTC0603		C	A		2N3001	
RTC0606		C	A		2N3002	
RTC0610		C	A		2N3003	
RTC0615		C	A		2N3004	
RTC0620		C	A		2N3004	
RTD0101		C	A		107Q1	TIC39Y
RTD0102		C	A		107Y1	TIC39Y

TYPE	1	2	3	EUROPEAN	AMERICAN	
RTD0110		C	A		107A1	TIC39A
RTD0115		C	A		107B1	TIC39B
RTD0120		C	A		107B1	40654
					S6200B	2N1598
RTD0125		C	A		107C1	2N1597
RTD0130		C	A		107C1	40655
					S6200D	2N1598
RTD0135		C	A		107D1	2N1599
RTD0140		C	A		107D1	40655
					S6200D	TIC106D
RTD0201		C	A		107Q1	TIC39Y
RTD0203		C	A		107Y1	TIC39A
RTD0206		C	A		107A1	TIC39F
RTD0210		C	A		107A1	TIC39A
RTD0215		C	A		107B1	TIC39B
RTD0220		C	A		107B1	TIC39B
RTD0225		C	A		107C1	2N1598
RTD0230		C	A		107C1	2N1598
RTD0235		C	A		107D1	2N1599
RTD0240		C	A		107D1	TIC106D
RTD0301		C	A		106Q1	TIC39Y
RTD0303		C	A		106Y1	TIC39Y
RTD0306		C	A		106A1	TIC39F
RTD0310		C	A		106A1	TIC39A
RTD0315		C	A		106B1	TIC39B
RTD0320		C	A		106B1	TIC39B
RTD0325		C	A		106C1	2N1598
RTD0330		C	A		106C1	2N1598
RTD0335		C	A		106D1	2N1599
RTD0340		C	A		106D1	TIC106D
RTD0401		C	A		TIC39Y	
RTD0403		C	A		TIC39Y	
RTD0406		C	A		TIC39F	
RTD0410		C	A		TIC39A	
RTD0415		C	A		TIC39B	
RTD0420		C	A		TIC39B	
RTD0425		C	A		2N1598	
RTD0430		C	A		2N1598	
RTD0435		C	A		2N1599	
RTD0440		C	A		TIC106D	
RTD0501		C	A		TIC39Y	
RTD0503		C	A		TIC39Y	
RTD0506		C	A		TIC39F	
RTD0510		C	A		TIC39A	
RTD0515		C	A		TIC39B	
RTD0520		C	A		TIC39B	
RTD0525		C	A		2N1598	
RTD0530		C	A		2N1598	
RTD0535		C	A		2N1599	
RTD0540		C	A		TIC106D	
RTD0601		C	A		TIC39Y	
RTD0603		C	A		TIC39Y	
RTD0606		C	A		TIC39F	
RTD0610		C	A		TIC39A	
RTD0615		C	A		TIC39B	
RTD0620		C	A		TIC39B	
RTD2103		C	A		40654	S6200B
RTD2106		C	A		40654	S2600B
RTD2110		C	A		40654	S2600B
RTF0101		C	A		TIC39Y	
RTF0103		C	A		TIC39Y	
RTF0106		C	A		TIC39A	
RTF0110		C	A		TIC39A	
RTF0115		C	A		TIC39B	
RTF0120		C	A		TIC39B	
RTF0125		C	A		TIC39C	
RTF0130		C	A		TIC39C	
RTF0135		C	A		TIC39D	
RTF0140		C	A		TIC39D	
RTF0201		C	A		TIC39Y	
RTF0203		C	A		TIC39Y	
RTF0206		C	A		TIC39A	
RTF0210		C	A		TIC39A	
RTF0215		C	A		TIC39B	
RTF0220		C	A		TIC39B	

TYPE	1	2	3	EUROPEAN	AMERICAN	
RTF0225		C	A		TIC39C	
RTF0230		C	A		TIC39C	
RTF0235		C	A		TIC39D	
RTF0240		C	A		TIC39D	
RTF0301		C	A		TIC39Y	
RTF0303		C	A		TIC39Y	
RTF0306		C	A		TIC39A	
RTF0310		C	A		TIC39A	
RTF0315		C	A		TIC39B	
RTF0320		C	A		TIC39B	
RTF0325		C	A		TIC39C	
RTF0330		C	A		TIC39C	
RTF0335		C	A		TIC39D	
RTF0340		C	A		TIC39D	
RTF0401		C	A		TIC39Y	
RTF0403		C	A		TIC39Y	
RTF0406		C	A		TIC39A	
RTF0410		C	A		TIC39A	
RTF0415		C	A		TIC39B	
RTF0420		C	A		TIC39B	
RTF0425		C	A		TIC39C	
RTF0430		C	A		TIC39C	
RTF0435		C	A		TIC39D	
RTF0440		C	A		TIC39D	
RTF0501		C	A		TIC39Y	
RTF0503		C	A		TIC39Y	
RTF0506		C	A		TIC39A	
RTF0510		C	A		TIC39A	
RTF0515		C	A		TIC39B	
RTF0520		C	A		TIC39B	
RTF0525		C	A		TIC39C	
RTF0530		C	A		TIC39C	
RTF0535		C	A		TIC39D	
RTF0540		C	A		TIC39D	
RTF0601		C	A		TIC39Y	
RTF0603		C	A		TIC39Y	
RTF0606		C	A		TIC39A	
RTF0610		C	A		TIC39A	
RTF0615		C	A		TIC39B	
RTF0620		C	A		TIC39B	
RTJ201		C	A		107Q1	
RTJ203		C	A		107Y1	
RTJ206		C	A		107A1	
RTJ210		C	A		107A1	
RTJ215		C	A		107B1	
RTJ220		C	A		107B1	
RTJ225		C	A		107C1	
RTJ230		C	A		107C1	
RTN0102		C	A		40741 / TIC116F	S6211A
RTN0105		C	A		40741 / TIC116F	S6211A
RTN0110		C	A		40741 / TIC116A	S6211A
RTN0120		C	A		40742 / TIC116B	S6211B
RTN0130		C	A		40743 / TIC116C	S6211D
RTN0140		C	A		40743 / TIC116D	S6211D
RTN0150		C	A		40744 / TIC116E	S6211M
RTN0160		C	A		40744 / TIC116M	S6211M
RTN0202		C	A		40741 / TIC126F	S6211A
RTN0205		C	A		40741 / TIC126F	S6211A
RTN0210		C	A		40741 / TIC126A	S6211A
RTN0220		C	A		40742 / TIC126B	S6211B
RTN0230		C	A		40743 / TIC126C	S6211D
RTN0240		C	A		40743 / TIC126D	S6211D
RTN0250		C	A		40744 / TIC126E	S6211M
RTN0260		C	A		40744 / TIC126M	S6211M

TYPE	1	2	3	EUROPEAN	AMERICAN	
RTN0302		C	A		40741	S6211D
					TIC126F	
RTN0305		C	A		40741	S6211A
					TIC126F	
RTN0310		C	A		40741	S6211A
					TIC126A	
RTN0320		C	A		40742	S6211B
					TIC126B	
RTN0330		C	A		40743	S6211D
					TIC126C	
RTN0340		C	A		40743	S6211D
					TIC126D	
RTN0350		C	A		40744	S6211M
					TIC126E	
RTN0360		C	A		40744	S6211M
					TIC126M	
RTN0402		C	A		TIC126F	
RTN0406		C	A		TIC126F	
RTN0410		C	A		TIC126A	
RTN0420		C	A		TIC126B	
RTN0430		C	A		TIC126C	
RTN0440		C	A		TIC126D	
RTN0450		C	A		TIC126E	
RTN0460		C	A		TIC126M	
RTN0502		C	A		TIC126F	
RTN0505		C	A		TIC126F	
RTN0510		C	A		TIC126A	
RTN0520		C	A		TIC126B	
RTN0530		C	A		TIC126C	
RTN0540		C	A		TIC126D	
RTN0550		C	A			
RTN0560		C	A		TIC126M	
RTN0602		C	A		TIC126F	
RTN0605		C	A		TIC126F	
RTN0610		C	A		TIC126A	
RTN0620		C	A		TIC126B	
RTN0630						
RTN0640		C	A		TIC126D	
RTN0650		C	A		TIC126E	
RTN0660		C	A		TIC126M	
RTR0102		C	A		TIC106F	
RTR0105		C	A		TIC106F	
RTR0110		C	A		TIC106A	
RTR0120		C	A		TIC106B	
RTR0130		C	A		TIC106C	
RTR0140		C	A		TIC106D	
RTR0202		C	A		TIC106F	
RTR0205		C	A		TIC106F	
RTR0210		C	A		TIC106A	
RTR0220		C	A		TIC106B	
RTR0230		C	A		TIC106C	
RTR0240		C	A		TIC106D	
RTR0302		C	A		40867	S2800A
					TIC106F	
RTR0305		C	A		40867	S2800A
					TIC106F	
RTR0310		C	A		40867	S2800A
					TIC106A	
RTR0320		C	A		40868	S2800B
					TIC106B	
RTR0330		C	A		40869	S2800D
					TIC106C	
RTR0340		C	A		40869	S2800D
RTR0340		C	A		TIC106D	
RTR0402		C	A		TIC106F	
RTR0405		C	A		TIC106F	
RTR0410		C	A		TIC106A	
RTR0420		C	A		TIC106B	
RTR0430		C	A		TIC106C	
RTR0440		C	A		TIC106D	
RTR0502		C	A		TIC106F	
RTR0505		C	A		TIC106F	
RTR0510		C	A		TIC106A	
RTR0520		C	A		TIC106B	
RTR0530		C	A		TIC106C	
RTR0540		C	A		TIC106D	
RTS0102		C	A		TIC106F	
RTS0105		C	A		TIC106F	

TYPE	1	2	3	EUROPEAN	AMERICAN	
RTS0110		C	A		TIC106A	
RTS0120		C	A		TIC106B	
RTS0130		C	A		TIC106C	
RTS0140		C	A		TIC106D	
RTS0202		C	A		40737	S6201A
					TIC106F	
RTS0205		C	A		40737	S6201A
					TIC106F	
RTS0210		C	A		40737	S6201A
					TIC106A	
RTS0220		C	A		40738	S6201B
					TIC106B	
RTS0230		C	A		40739	S6201D
					TIC106C	
RTS0240		C	A		40739	TIC106D
RTS0250		C	A		40740	S6201M
RTS0260		C	A		40740	S6201M
RTS0302		C	A		TIC106F	
RTS0305		C	A		TIC106F	
RTS0310		C	A		TIC106A	
RTS0320		C	A		TIC106B	
RTS0330		C	A		TIC106C	
RTS0340		C	A		TIC106D	
RTS0402		C	A		TIC106F	
RTS0405		C	A		TIC106F	
RTS0410		C	A		TIC106A	
RTS0420		C	A		TIC106B	
RTS0430		C	A		TIC106C	
RTS0440		C	A		TIC106D	
RTS0502		C	A		40737	S6201A
RTS0505		C	A		40737	S6201A
RTS0510		C	A		40737	S6201A
RTS0520		C	A		40738	S6201B
RTS0530		C	A		40739	S6201D
RTS0540		C	A		40739	S6201D
RTS0550		C	A		40740	S6201M
RTS0602		C	A		40749	S6200A
RTS0605		C	A		40749	S6200A
RTS0610		C	A		40749	S6200A
RTS0620		C	A		40750	S6200B
RTS0630		C	A		40751	S6200D
RTS0640		C	A		40751	S6200D
RTS0650		C	A		40752	S6200M
RTS0660		C	A		40752	S6200M
RTT0102		C	A		TIC116F	
RTT0105		C	A		TIC116F	
RTT0110		C	A		TIC116A	
RTT0120		C	A		TIC116B	
RTT0130		C	A		TIC116C	
RTT0140		C	A		TIC116D	
RTT0150		C	A		TIC116E	
RTT0160		C	A		TIC116M	
RTT0202		C	A		TIC116F	
RTT0205		C	A		TIC116F	
RTT0210		C	A		TIC116A	
RTT0220		C	A		TIC116B	
RTT0230		C	A		TIC116C	
RTT0240		C	A		TIC116D	
RTT0250		C	A		TIC116E	
RTT0260		C	A		TIC116M	
RTT0302		C	A		TIC116F	
RTT0305		C	A		TIC116F	
RTT0310		C	A		TIC116A	
RTT0320		C	A		TIC116B	
RTT0330		C	A		TIC116C	
RTT0340		C	A		TIC116D	
RTT0350		C	A		TIC116E	
RTT0360		C	A		TIC116M	
RTT0402		C	A		TIC116F	
RTT0405		C	A		TIC116F	
RTT0410		C	A		TIC116A	
RTT0420		C	A		TIC116B	
RTT0430		C	A		TIC116C	
RTT0440		C	A		TIC116D	
RTT0450		C	A		TIC116E	
RTT0460		C	A		TIC116M	
RTT0502		C	A		TIC116F	

TYPE	1	2	3	EUROPEAN	AMERICAN	
RTT0505		C	A		TIC116F	
RTT0510		C	A		TIC116A	
RTT0520		C	A		TIC116B	
RTT0530		C	A		TIC116C	
RTT0540		C	A		TIC116D	
RTT0550		C	A		TIC116E	
RTT0560		C	A		TIC116M	
RTT0602		C	A		TIC118F	
RTT0605		C	A		TIC116F	
RTT0610		C	A		TIC116A	
RTT0620		C	A		TIC116B	
RTT0630		C	A		TIC116C	
RTT0640		C	A		TIC116D	
RTT0650		C	A		TIC116E	
RTT0660		C	A		TIC116F	
RTU0102		C	A		40753	S6201A
					TIC126F	
RTU0105		C	A		40753	S6210A
					TIC126F	
RTU0110		C	A		40753	S6210A
					TIC126A	
RTU0120		C	A		40754	S6210A
					TIC126B	
RTU0130		C	A		40755	S6210D
					TIC126C	
RTU0140		C	A		40755	S6210D
					TIC126D	
RTU0150		C	A		40756	S6210M
					TIC126E	
RTU0160		C	A		40756	S6210M
					TIC126M	
RTU0202		C	A		40753	S6210A
					TIC126F	
RTU0205		C	A		40753	S6210A
					TIC126F	
RTU0210		C	A		40753	S6210A
					TIC126A	
RTU0220		C	A		40754	S6210B
					TIC126B	
RTU0203		C	A		40755	S6210D
					TIC126C	
RTU0240		C	A		40755	S6210D
					TIC126D	
RTU0205		C	A		40756	S6210M
					TIC126E	S6210M
RTU0260		C	A		40756	S6210M
					TIC126M	
RTU0302		C	A		TIC126F	
RTU0305		C	A		TIC126F	
RTU0310		C	A		TIC126A	
RTU0320		C	A		TIC126B	
RTU0330		C	A		TIC126C	
RTU0340		C	A		TIC126D	
RTU0350		C	A		TIC126E	
RTU0360		C	A		TIC126M	
RTU0402		C	A		TIC126F	
RTU0405		C	A		TIC126F	
RTU0410		C	A		TIC126A	
RTU0420		C	A		TIC126B	
RTU0430		C	A		TIC126C	
RTU0440		C	A		TIC126D	
RTU0450		C	A		TIC126E	
RTU0460		C	A		TIC126M	
RTU0502		C	A		TIC126F	
RTU0505		C	A		TIC126F	
RTU0510		C	A		TIC126A	
RTU0520		C	A		TIC126B	
RTU0530		C	A		TIC126C	
RTU0540		C	A		TIC126D	
RTU0550		C	A		TIC126E	
RTU0560		C	A		TIC126M	
RTU0602		C	A		40753	S6210A
					TIC126F	
RTU0605		C	A		40753	S6210A
					TIC126F	
RTU0610		C	A		40753	S6210A
					TIC126A	
RTU0620		C	A		40754	S6210B
					TIC126B	
RTU0630		C	A		40755	S6210D
					TIC126C	

TYPE	1	2	3	EUROPEAN	AMERICAN	
RTU0640		C	A		40755	S6210D
					TIC126D	
RTU0650		C	A		40756	S6210M
					TIC126E	
RTU0660		C	A		40756	S6210M
					TIC126M	
RTU0705		C	A		2N682	
RTU0710		C	A		2N683	
RTU0720		C	A		2N685	
RTU0730		C	A		2N687	
RTU0740		C	A		2N688	
RTU0750		C	A		2N689	
RTU0760		C	A		2N690	
S32	S		A	BA108		
S33	S		A	BA108		
S34	S		A	BA104		
S35	S		A	BA105		
S36	S		A	BA105		
S0300KS2		C	A		106Y1	
S0300KS3		C	A		107Y1	
S0301J		C	A		107Y1	
S0301JS2		C	A		106Y	
S0301JS2		C	A		106Y	
S0301JS3		C	A		107Y1	
S0301K		C	A		107Y1	
S0301M		C	A		107Y1	
S0303L		C	A		107Y1	
S0303LS2		C	A		106Y1	
S0303LS3		C	A		107Y1	
S0303M		C	A		107Y1	
S0303MS2		C	A		106Y1	
S0303MS3		C	A		107Y1	
S0303RS2		C	A		106Y1	
S0303BS3		C	A		107Y1	
S0500KS2		C	A		106F1	
S0500KS3		C	A		107F1	
S0501J		C	A		107F1	
S0501JS2		C	A		106F1	
S0501JS3		C	A		107F1	
S0501K		C	A		107F1	
S0501M		C	A		107F1	
S0503L		C	A		107F1	
S0503LS2		C	A		106F1	
S0503LS3		C	A		107F1	
S0503M		C	A		107F1	
S0503MS2		C	A		106F1	
S0503MS3		C	A		107F1	
S0503RS2		C	A		106F1	
S0503RS3		C	A		107F1	
S0525G		C	A		2N682	
S1000KS2		C	A		106A1	
S1000KS3		C	A		107A1	
S1001J		C	A		107A1	
S1001JS2		C	A		106A1	
S1001JS3		C	A		107A1	
S1001K		C	A		107A1	
S1001M		C	A		107A1	
S1003L		C	A		107A1	
S1003LS2		C	A		106A1	
S1003LS3		C	A		107A1	
S1003M		C	A		107A1	
S1003MS2		C	A		106A1	
S1003MS3		C	A		106A1	
S1003RS2		C	A		106A1	
S1003RS3		C	A		107A1	
S1006B		C	A		40867	S2800A
S1006G		C	A		40867	S2800A
S1006H		C	A		40867	S2800A
S1006L		C	A		40867	S2800A
S1008B		C	A		40867	S2800A
S1008G		C	A		40737	S6201A
S1008H		C	A		40741	S6211A
S1008L		C	A		40867	S2800A
S1010B		C	A		40737	40745
					S6201A	S6221A
S1010G		C	A		40737	S6201A

TYPE	1	2	3	EUROPEAN	AMERICAN	
S1010H		C	A		40741	S6211A
S1010L		C	A		40737	S6201A
S1016B		C	A		40749	40757
					S6200A	S6220A
S1016G		C	A		40749	S6200A
S1016H		C	A		40753	S6210A
S1016L		C	A		40749	S6200A
S1025		C	A		2N3870	
S1025C		C	A		2N3896	
S1025D		C	A		40680	S6240A
S1025G		C	A		2N683	
S1025H		C	A		2N3896	
S1035		C	A		2N3870	
S1035C		C	A		2N3896	
S1035D		C	A		40680	S6420A
S1035G		C	A		2N3870	
S1035H		C	A		2N3896	
S2000KS2		C	A		106B1	
S2000KS3		C	A		107B1	
S2001J		C	A		107B1	
S2001JS2		C	A		106B1	
S2001JS3		C	A		107B1	
S2001K		C	A		107B1	
S2001M		C	A		107B1	
S2003L		C	A		107B1	
S2003LS2		C	A		106B1	
S2003LS3		C	A		107B1	
S2003M		C	A		107B1	
S2003MS2		C	A		106B1	
S2003MS3		C	A		107B1	
S2003RS2		C	A		106B1	
S2003RS3		C	A		107B1	
S2006B		C	A		40868	S2800B
S2006G		C	A		40868	S2800B
S2006H		C	A		40868	S2800B
S2006L		C	A		40868	S2800B
S2008B		C	A		40868	S2800b
S2008G		C	A		40738	S6201B
S2008H		C	A		40742	S6211B
S2008L		C	A		40868	S2800B
S2010B		C	A		40738	40746
S2010B		C	A		S6201B	S6221B
S2010G		C	A		40738	S6201B
S2010H		C	A		40742	S6211B
S2010L		C	A		40738	S6201B
S2016B		C	A		40750	40758
					S6200B	S6220B
S2016G		C	A		40750	S6200B
S2016H		C	A		40754	S6210B
S2016L		C	A		40750	S6200B
S2025		C	A		2N3871	
S2025C		C	A		2N3891	
S2025D		C	A		40681	S6420B
S2025G		C	A		2N685	
S2025H		C	A		2N3897	
S2035		C	A		2N3871	
S2035C		C	A		2N3897	
S2035D		C	A		40681	S6420B
S2035G		C	A		2N3871	
S2035H		C	A		2N3897	
S2060A		C	A		RCA106A	
S2060B		C	A		RCA106B	
S2060C		C	A		RCA106C	
S2060D		C	A		RCA106D	
S2060E		C	A		RCA106E	
S2060F		C	A		RCA106F	
S2060M		C	A		RCA106M	
S2060Q		C	A		RCA106Q	
S2060Y		C	A		RCA106Y	
S2061A		C	A		RCA106A	
S2061B		C	A		RCA107B	
S2061C		C	A		RCA107C	
S2061D		C	A		RCA107D	
S2061E		C	A		RCA107E	
S2061F		C	A		RCA107F	
S2061M		C	A		RCA107M	

TYPE	1	2	3	EUROPEAN	AMERICAN	
S2061Q		C	A		RCA107Q	
S2061Y		C	A		RCA107Y	
S2062A		C	A		RCA108A	
S2062B		C	A		RCA108B	
S2062C		C	A		RCA108C	
S2062D		C	A		RCA108D	
S2062E		C	A		RCA108E	
S2062F		C	A		2CA108F	
S2062M		C	A		2CA108M	
S2062Q		C	A		RCA108Q	
S2062Y		C	A		RCA108Y	
S2400A		C	A		40942	
S2400B		C	A		40943	
S2400D		C	A		40944	
S2400M		C	A		40945	
S2600B		C	A		40654	TIC116B
S2600D		C	A		40655	TIC116D
S2600M		C	A		40833	
S2610B		C	A		40658	TIC116B
S2610D		C	A		40659	TIC116D
S2610M		C	A		40835	
S2620B		C	A		40656	TIC116B
S2620D		C	A		40657	TIC116D
S2620M		C	A		40834	
S2710B		C	A		40504	TIC106B
S2710D		C	A		40505	TIC106D
S2710M		C	A		40506	
S2800A		C	A		40867	TIP116B
S2800B		C	A		40868	TIP116B
S2800D		C	A		40869	TIP116D
S2800M		C	A		40870	
S3700B		C	A		40553	TIC116B
S3700D		C	A		40554	
S3700M		C	A		40555	
S3701M		C	A		40768	
S3702SF		C	A		40889	
S3703SF		C	A		40888	
S3705M		C	A		40640	
S3706M		C	A		40641	
S3800D		C	A		41023	
S3800E		C	A		41019	
S3800EF		C	A		41022	
S3800M		C	A		41021	
S3800MF		C	A		41018	
S3800S		C	A		41020	
S3800SF		C	A		41017	
S4001J		C	A	107D1		
S4001JS2		C	A		106D1	
S4001JS3		C	A		107D1	
S4001K		C	A		107D1	
S4001M		C	A		107D1	
S4003L		C	A		107D1	
S4003LS2		C	A		106D1	
S4003LS3		C	A		107D1	
S4003M		C	A		107D1	
S4003MS2		C	A		106D1	
S4003RS2		C	A		107D1	
S4003RS2		C	A		106D1	
S4003RS3		C	A		107D1	
S4006B		C	A		40869	S2800D
S4006G		C	A		40869	S2800D
S4006H		C	A		40869	S2800D
S4006L		C	A		40869	S2800D
S4008B		C	A		40869	S2800D
S4008G		C	A		40739	S6201D
S4008H		C	A		40743	S6211D
S4008L		C	A		40869	S2800D
S4010B		C	A		40739	40747
					S6201D	S6221D
S4010G		C	A		40739	S6201D
S4010H		C	A		40743	S6211D
S4010L		C	A		40739	S6201D
S4016B		C	A		40751	40759
					S6200D	S6220D
S4016G		C	A		40751	S6200D

TYPE	1	2	3	EUROPEAN	AMERICAN	
S4016H		C	A		40755	S6210D
S4016L		C	A		40751	S6200D
S4025		C	A		2N3872	
S4025C		C	A		2N3898	
S4025D		C	A		40682	S6420D
S4025G		C	A		2N688	
S4025H		C	A		2N3898	
S4035		C	A		2N3872	
S4035C		C	A		2N3898	
S4035D		C	A		40682	S6420D
S4035G		C	A		2N3872	
S4035H		C	A		2N3898	
S40000KS2		C	A		106D1	
S40000KS3		C	A		107D1	
S5226			A	(BZX83-C3V3)		
S5226A			A	(BZX83-C3V3)		
S5226B			A	(BZX83-C3V3)		
S5227			A	(BZX83-C3V6)		
S5227A		Z	A	(BZX83-C3V6)		
S5227B		Z	A	(BZX83-C3V6)		
S5228		Z	A	(BZX83-C3V9)		
S5228A		Z	A	(BZX83-C3V9)		
S5228B		Z	A	(BZX83-C3V9)		
S5229		Z	A	(BZX83-C4V3)		
S5229A		Z	A	(BZX83-C4V3)		
S5229B		Z	A	(BZX83-C4V3)		
S5230		Z	A	(BZX83-C4V7)		
S5230A		Z	A	(BZX83-C4V7)		
S5230B		Z	A	(BZX83-C4V7)		
S5231		Z	A	(BZX83-C5V1)		
S5231A		Z	A	(BZX83-C5V1)		
S5231B		Z	A	(BZX83-C5V1)		
S5232		Z	A	(BZX83-C5V6)		
S5232A		Z	A	(BZX83-C5V6)		
S5232B		Z	A	(BZX83-C5V6)		
S5233		Z	A	(BZX83-B6V2)		
S5233A		Z	A	(BZX83-B6V2)		
S5233B			A	(BZX83-B6V2)		
S5234		Z	A	(BZX83-C6V2)		
S5234A		Z	A	(BZX83-C6V2)		
S5234B		Z	A	(BZX83-C6V2)		
S5235		Z	A	(BZX83-C6V8)		
S5235A		Z	A	(BZX83-C6V8)		
S5235B		Z	A	(BZX83-C6V8)		
S5236		Z	A	(BZX83-C7V5)		
S5236A		Z	A	(BZX83-C7V5)		
S5236B		Z	A	(BZX83-C7V5)		
S5237		Z	A	(BZX83-C8V2)		
S5237A		Z	A	(BZX83-C8V2)		
S5237B		Z	A	(BZX83-C8V2)		
S5239		Z	A	(BZX83-C9V1)		
S5239A		Z	A	(BZX83-C9V1)		
S5239B		Z	A	(BZX83-C9V1)		
S5240		Z	A	(BZX83-C10)		
S5240A		Z	A	(BZX83-C10)		
S5240B		Z	A	(BZX83-C10)		
S5241		Z	A	(BZX83-C11)		
S5241A		Z	A	(BZX83-C11)		
S5241B		Z	A	(BZX83-C11)		
S5242		Z	A	(BZX83-C12)		
S5242A		Z	A	(BZX83-C12)		
S5242B		Z	A	(BZX83-C12)		
S5243		Z	A	(BZX83-C13)		
S5243A		Z	A	(BZX83-C13)		
S5243B		Z	A	(BZX83-C13)		
S5245		Z	A	(BZX83-C15)		
S5245A		Z	A	(BZX83-C15)		
S5245B		Z	A	(BZX83-C15)		
S5246		Z	A	(BZX83-C16)		
S5246A		Z	A	(BZX83-C16)		
S5246B		Z	A	(BZX83-C16)		
S5248		Z	A	(BZX83-C18)		
S5248A		Z	A	(BZX83-C18)		
S5248B		Z	A	(BZX83-C18)		
S5250		Z	A	(BZX83-C20)		

TYPE	1	2	3	EUROPEAN	AMERICAN	
S5250A		Z	A	(BZX83-C20)		
S5250B		Z	A	(BZX83-C20)		
S5251		Z	A	(BZX83-C22)		
S5251A		Z	A	(BZX83-C22)		
S5251B		Z	A	(BZX83-C22)		
S5252		Z	A	(BZX83-C24)		
S5252A		Z	A	(BZX83-C24)		
S5252B		Z	A	(BZX83-C24)		
S5254		Z	A	(BZX83-C24)		
S5254A		Z	A	(BZX83-C27)		
S5254B		Z	A	(BZX83-C27)		
S5256		Z	A	(BZX83-C30)		
S5256A		Z	A	(BZX83-C30)		
S5256B		Z	A	(BZX83-C30)		
S5257		Z	A	(BZX83-C33)		
S5257A		Z	A	(BZX83-C33)		
S5257B		Z	A	(BZX83-C33)		
S6000KS2		C	A		106M1	
S6000KS3		C	A		107M1	
S6001J		C	A		107M1	
S6001JS2		C	A		106M1	
S6001JS3		C	A		107M1	
S6001K		C	A		107M1	
S6001M		C	A		107M1	
S6003L		C	A		107M1	
S6003LS2		C	A		106M1	
S6003LS3		C	A		107M1	
S6003M		C	A		107M1	
S6003MS2		C	A		106M1	
S6003RS2		C	A		106M1	
S6003RS3		C	A		107M1	
S6006B		C	A		40833	S2600M
S6006G		C	A		40833	S2600M
S6006H		C	A		40833	S2600M
S6008B					40740	40743
					S6201M	S6211D
S6008G		C	A		40740	S6201M
S6008H		C	A		40744	S6211M
S6010B		C	A		40740	40748
					S6201M	S6221M
S6010G		C	A		40740	S6201M
S6010H		C	A		40744	S6211M
S6010L		C	A		40740	S6201M
S6016B		C	A		40752	40760
					S6200M	S6220M
S6016G		C	A		40752	S6200H
S6016H		C	A		40756	S6210H
S6016L		C	A		40752	M6200M
S6025		C	A		2N3873	
S6025C		C	A		2N3899	
S6025D		C	A		40683	S6420M
S6025G		C	A		2N690	
S6025H		C	A		2N3899	
S6035		C	A		2N3873	
S6035C		C	A		2N3899	
S6035D		C	A		40683	S6420N
S6035G		C	A		2N3873	
S6035H		C	A		2N3899	
S6200A		C	A		40749	
S6200B		C	A		40750	
S6200D		C	A		40751	
S6200M		C	A		40752	
S6201A		C	A		40737	TIC116A
S6201B		C	A		40738	TIC116B
S6201D		C	A		40739	TIC126D
S6201M		C	A		40740	TIC126M
S6210A		C	A		40753	
S6210B		C	A		40754	
S6210D		C	A		40755	
S6210M		C	A		40756	
S6211A		C	A		40741	TIC116A
S6211B		C	A		40742	TIC116B
S6211D		C	A		40743	TIC126D
S6211M		C	A		40744	TIC126M
S6220A		C	A		40757	
S6220B		C	A		40758	

TYPE	1	2	3	EUROPEAN	AMERICAN	
S6220D		C	A		40759	
S6220M		C	A		40760	
S6221A		C	A		40745	TIC116A
S6221B		C	A		40746	TIC116B
S6221D		C	A		40747	TIC126D
S6221M		C	A		40748	TIC126M
S6400N		C	A		40937	
S6410N		C	A		40938	
S6420A		C	A		40680	
S6420B		C	A		40681	
S6420D		C	A		40682	
S6420M		C	A		40683	
S6420N		C	A		40952	
S6431M		C	A		40216	
S7430M		C	A		40735	
S8025		C	A		40937	S6400N
S8025C		C	A		40938	S6410N
S8025D		C	A		TA7825	
S8025H		C	A		40938	S6410
S8035		C	A		40937	S6400N
S8035C		C	A		40938	S6410N
S8035D		C	A		TA7825	
S8035G		C	A		40937	S6400N
S8035H		C	A		40938	S6410N
SC35A		T	A		2N5569	
SC35B		T	A		2N5569	
SC35D		T	A		2N5570	
SC35F		T	A		2N5569	
SC36A		T	A		2N5567	
SC36B		T	A		2N5567	
SC36D		T	A		2N5568	
SC36F		T	A		2N5567	
SC40A		T	A		2N5569	
SC40B		T	A		2N5569	
SC40B2		T	A		40799	T4121B
SC40D		T	A		2N5570	
SC40D2		T	A		40800	T4121D
SC40E		T	A		40796	T4111M
SC40E2		T	A		40801	T4121M
SC40F		T	A		2N5569	
SC41A		T	A		2N5567	
SC41B		T	A		2N5567	
SC41D		T	A		2N5568	
SC41E		T	A		40795	T4101M
SC41F		T	A		2N5567	
SC45A		T	A		2N5569	
SC45B		T	A		2N5569	
SC45B2		T	A		40799	T4121B
SC45D		T	A		2N5570	
SC45D2		T	A		40800	T4121D
SC45E		T	A		40796	T4111M
SC45E2		T	A		40801	T4121M
SC45F		T	A		2N5569	
SC46A		T	A		2N5567	
SC46B		T	A		2N5567	
SC46D		T	A		2N5568	
SC46E		T	A		40795	T4101M
SC46F		T	A		2N5567	
SC50A		T	A		2N5573	
SC50B		T	A		2N5573	
SC50B2		T	A		40802	T4120B
SC50D		T	A		2N5574	
SC50D2		T	A		40803	T4120D
SC50E		T	A		2N5573 / T4110M	40798
SC50E2		T	A		40804	T4120M
SC50F		T	A		2N5573	
SC51A		T	A		2N5571	
SC51B		T	A		2N5571	
SC51D		T	A		2N5571	
SC51E		T	A		40797	T4100M
SC51F		T	A		2N5571	
SC60A		T	A		40662	T6411B
SC60B		T	A		40662 / TIC263B	T6411B

TYPE	1	2	3	EUROPEAN	AMERICAN		JAPANESE
SC60B2		T	A		40671	T6401M	
SC60D		T	A		40663	T6411D	
					TIC263D		
SC60D2		T	A		40672	T6411M	
SC60E		T	A		40672	T6411M	
SC60E2		T	A		40807	T6421M	
SC60F		T	A		40662	T6411B	
SC61A		T	A		40660	T6401B	
SC61B		T	A		40660	T6401B	
					TIC263B		
SC61D		T	A		40661	T6401D	
					TIC263D		
SC61E		T	A		40671	T6401M	
					TIC263E		
SC61F		T	A		40660	T6401B	
SC141B		T	A		40668	T2800B	
					TIC226B		
SC141D		T	A		40669	T2800D	
					TIC226D		
SC141E		T	A		40842	T2801DF	
					TIC226D		
SC146B		T	A		40668	40842	
					T2800B	T2801DF	
					TIC226B		
SC146D		T	A		40669	T2800D	
					TIC226D		
SC146E		T	A		TIC226D		
SC249B		T	A		2N5569	TIC226B	
SC240B2		T	A		40799	T4121B	
SC240D		T	A		2N5570	TIC226D	
SC240D2		T	A		40800	T4121D	
SC240E		T	A		40796	T4111M	
					TIC226D		
SC240E2		T	A		40801	T4121M	
SC241B		T	A		2N5567	TIC226B	
SC241D		T	A		2N5568	TIC226D	
SC241E		T	A		40795	T4101M	
					TIC226D		
SC245B		T	A		2N5569	TIC226B	
SC245B2		T	A		40799	T4121B	
SC245D		T	A		2N5570	TIC226D	
SC245D2		T	A		40800	T4121D	
SC245E		T	A		40796	T4111M	TIC226D
SC245E2		T	A		40801	T4121M	
SC246B		T	A		2N5567	TIC226B	
SC246D		T	A		2N5568	TIC226D	
SC246E		T	A		40795	T4101M	
					TIC226D		
SC250B		T	A		2N5573	TIC236B	
SC250B2		T	A		40802	T4120B	
SC250D		T	A		2N5574	TIC236D	
SC250D2		T	A		40803	T4120D	
SC250E		T	A		40798	T4110M	
					TIC236D		
SC250E2		T	A		40804	T4120M	
SC251B		T	A		2N5571	TIC236B	
SC251D		T	A		2N5572	TIC236D	
SC251E		T	A		40797	T4100M	
					TIC236D		
SC1481-1		O	A	TIXL113			
SC1481-2		O	A	TIXL113			
SC1481-3		O	A	TIXL113			
SC1482-1		O	A	TIL111			
SC1482-2		O	A	TIL111			
SC1482-3		O	A	TIL111			
SC1484-1		O	A	TIL107			
SC1484-2		O	A	TIL108			
SC1484-3		O	A	TIL108			
SD2	S		E	BA103			
SD4	S		E	BA103			
SD5	S		E	BA105			
SD6	S		E	BA108			
SD7	S		E	BA104			
SD8	S		E	BA108			
SD10	S		E	BA108			
SD12	S		E	BA108			

TYPE	1	2	3	EUROPEAN		AMERICAN	
SD14	S		E	BA104			
SD15	S		E	BA104			
SD16	S		E	BA105			
SD18	S		E	BA105			
SD30	S		E	BA104			
SD50	S		E	BA108			
SD80	S		E	BA104			
SD120	S		E	BA105			
SD200	S		E	BA105			
SD1420-1		P	A			LSX900	
SD1420-2		P	A			LSX900	
SD2420-1		P	A			LSX900	
SD2420-2		P	A			LSX900	
SD3420-1		P	A			TIL81	
SD3420-2		P	A			TIL81	
SD5420-1		P	A			TIL81	
SD5420-2		P	A			TIL81	
SD5421-1		P	A			TIL81	
SD5421-2		P	A			TIL81	
SE1450-1		L	A			TIL23	
SE1450-2		L	A			TIL23	
SE1450-3		L	A			TIL23	
SE1450-4		L	A			TIL24	
SE2430-1		L	A			TIL31	
SE2430-2		L	A			TIL31	
SE2430-3		L	A			TIL31	
SE2430-4		L	A			TIL31	
SE2450-1		L	A			TIL23	
SE2450-2		L	A			TIL23	
SE2450-3		L	A			TIL23	
SE2460-1		L	A			TIL23	
SE2460-2		L	A			TIL23	
SE2450-3		L	A			TIL24	
SE2460-4		L	A			TIL24	
SE3450-1		L	A			TIL31	
SE3450-2		L	A			TIL31	
SE3450-2		L	A			TIL31	
SE5450-1		L	A			TIL31	
SE5450-2		L	A			TIL31	
SE5450-3		L	A			TIL31	
SE5451-1		L	A			TIL31	
SE5451-2		L	A			TIL31	
SE5451-3		L	A			TIL31	
SE6474-020		L	A			TIXL13	
SE6474-030		L	A			TIXL12	
SE6474-040		L	A			TIXL12	
SE6477-030		L	A			TIXL15	
SE6477-040		L	A			TIXL14	
SE6477-060		L	A			TIXL14	
SE6478-2		L	A			TIXL16	
SFD43	S		E	BAW75			
SFD83	S		E	BAY60	BAW75		
SFD105	S		E	(AAY27)			
SFD106	G		E	AA119			
SFD107	G		E	AA116			
SFD108	G		E	AA118			
SFD108A	G		E	(AA118)			
SFD118	G		E	AAY27			
SFD119	G		E	AA119			
SFD121	G		E	AAY27			
SFD122	G		E	(AAY27)			
SFD143	S		E	BAY61	(BA127D)		
SFD180	S		E	BAY60	BAW75		
SFD181	S		E	BAY45			
SFD182	S		E	(BAY61)			
SFD183	S		E	BAW76			
SFD184	S		E	BA127	BAY44		
SFD185	S		E	(BAY42)			
SGD-100A		P	A			TIXL80	
SLA-1		V	A			TIL302	
SPS020		C	A			40753	S6210A
SPS08		C	A			40741	S6211A
SPS18		C	A			40741	S6211A

TYPE	1	2	3	EUROPEAN	AMERICAN	
SPS28		C	A		40742	S6211B
SPS38		C	A		40743	S6211D
SPS48		C	A		40743	S6211D
SPS58		C	A		40744	S6211M
SPS68		C	A		40744	S6211M
SPS120		C	A		40753	S6210A
SPS220		C	A		40754	S6210B
SPS320		C	A		40755	S6210D
SPS420		C	A		40755	S6210D
SPS520		C	A		40756	S6210M
SPS620		C	A		40756	S6210M
SPT010		T	A		2N5569	
SPT015		T	A		2N5573	
SPT025/30		T	A		40662	T6411B
SPT040		T	A		2N5444	
SPT06		T	A		2N5569	
SPT16		T	A		2N5569	
SPT26		T	A		2N5569	
SPT36		T	A		2N5570	
SPT46		T	A		2N5570	
SPT56		T	A		40796	T4111M
SPT66		T	A		40796	T4111M
SPT110		T	A		2N5569	
SPT115		T	A		2N5573	
SPT125/130		T	A		40662	T6411B
SPT140		T	A		2N5444	
SPT210		T	A		2N5569	
SPT215		T	A		2N5573	
SPT225/230		T	A		40662	T6411B
SPT240		T	A		2N5444	
SPT310		T	A		2N5570	
SPT315		T	A		2N5574	
SPT325/330		T	A		40663	T6411D
SPT340		T	A		2N5445	
SPT410		T	A		2N5570	
SPT415		T	A		2N5574	
SPT425/430		T	A		40663	T6411D
SPT440		T	A		2N5445	
SPT510		T	A		40796	T4111M
SPT515		T	A		40798	T4110M
SPT525/530		T	A		40672	T6411M
SPT540		T	A		2N5446	
SPT610		T	A		40796	T4111M
SPT615		T	A		40798	T4110M
SPT625/630		T	A		40672	T6411M
SPT640		T	A		2N5446	
SPT740		T	A		40926	T6410N
SPT840		T	A		40926	T6410N
SSL-3		L	A		TIL31	
SSL-3F		L	A		TIL31	
SSL-4		L	A		TIL31	
SSL-5A		L	A		TIL31	
SSL-5B		L	A		TIL31	
SSL-5C		L	A		TIL31	
SSL-12		V	A		TIL209	
SSL-15		L	A		TIL24	
SSL-22		V	A		TIL210	
SSL-22L		V	A		TIL210	
SSL-34		L	A		TIL31	
SSL-35		L	A		TIL31	
SSL-54		L	A		TIL31	
SSL-55B		L	A		TIL31	
SSL-55C		L	A		TIL31	
SSL-140		V	A		TIL310	
SSL-190		V	A		TIL302	
SSL-212		V	A		TIL209	
SSL-315		L	A		TIL24	
T2300A		T	A		40525	
T2300B		T	A		40526	TIC205B
T2300D		T	A		40527	
T2301A		T	A		40766	
T2301B		T	A		40691	TIC125B
T2301D		T	A		40692	TIC205D
T2302A		T	A		40528	
T2302B		T	A		40529	TIC205B

TYPE	1	2	3	EUROPEAN	AMERICAN	
T2302D		T	A		40530	
T2304B		T	A		40769	
T2304D		T	A		40770	
T2305B		T	A		40771	
T2305D		T	A		40772	
T2306A		T	A		40696	TIC205A
T2306B		T	A		40697	TIC205B
T2306D		T	A		40698	TIC205D
T2310A		T	A		40531	TIC205A
T2310B		T	A		40532	TIC205B
T2310D		T	A		40533	TIC106D
T2311A		T	A		40767	
T2311B		T	A		40761	TIC215B
T2311D		T	A		40762	
T2312A		T	A		40534	TIC205A
T2312B		T	A		40535	TIC205B
T2311D		T	A		40536	TIC205D
T2313A		T	A		40684	TIC205A
T2313B		T	A		40685	TIC205B
T2313D		T	A		40686	TIC205D
T2313M		T	A		40687	
T2316A		T	A		40693	TIC205A
T2316B		T	A		40694	TIC205B
T2316D		T	A		40695	
T2500B		T	A		41014	
T2500D		T	A		41015	
T2600B		T	A		40485	TIC226B
T2600D		T	A		40486	TIC226D
T2601DF		T	A		40664	TIC216D
T2604B		T	A		40773	TIC205B
T2604D		T	A		40774	TIC205D
T2606B		T	A		40725	TIC226B
T2606D		T	A		40726	TIC226D
T2606DF		T	A		40723	TIC216D
T2610B		T	A		40509	
T2610D		T	A		40510	TIC106D
T2616B		T	A		40731	TIC205B
T2616D		T	A		40732	
T2616DF		T	A		40724	
T2620B		T	A		40638	TIC226
T2620D		T	A		40639	
T2621DF		T	A		40667	TIC216D
T2626B		T	A		40733	TIC226B
T2626D		T	A		40734	
T2700B		T	A		40429	TIC226B
T2700D		T	A		40430	TIC226B
T2706B		T	A		40727	TIC226B
T2706D		T	A		40728	TIC226D
T2710B		T	A		40502	TIC226B
T2710D		T	A		40503	TIC226D
T2716B		T	A		40729	TIC226B
T2716D		T	A		40730	
T2800B		T	A		40668	TIC226B
T2800D		T	A		40669	TIC226D
T2800M		T	A		40670	
T2801DF		T	A		40842	
T2806B		T	A		40721	TIC226B
T2806D		T	A		40722	TIC226D
T2850A		T	A		40900	
T2850B		T	A		40901	
T2850D		T	A		40902	
T2851DF		T	A		41011	
T4100M		T	A		40797	TIC253M
T4101M		T	A		40795	
T4103B		T	A		40783	TIC246B
T4103D		T	A		40784	TIC246D
T4104B		T	A		40779	TIC226B
T4104D		T	A		40780	TIC236D
T4105B		T	A		40775	TIC216B
T4105D		T	A		40776	TIC226D
T4106B		T	A		40711	
T4106D		T	A		40712	
T4107B		T	A		40717	TIC236B
T4107D		T	A		40718	TIC236D
T4110M		T	A		40798	TIC253M

TYPE	1	2	3	EUROPEAN	AMERICAN	
T4111M		T	A		40796	
T4113B		T	A		40785	TIC246B
T4113D		T	A		40786	TIC246D
T4114B		T	A		40781	TIC236B
T4114D		T	A		40782	TIC236D
T4115B		T	A		40777	
T4115D		T	A		40778	TIC226D
T4116B		T	A		40713	
T4116D		T	A		40714	
T4117B		T	A		40719	TIC236B
T4117D		T	A		40720	TIC236D
T4120B		T	A		40802	TIC246B
T4120D		T	A		40803	TIC246D
T4120M		T	A		40804	TIC253M
T4121B		T	A		40799	TIC236B
T4121D		T	A		40800	
T4121M		T	A		40801	
T4700B		T	A		40575	
T4700D		T	A		40576	
T4706B		T	A		40715	TIC246B
T4706D		T	A		40716	TIC246D
T6400N		T	A		40925	
T6401B		T	A		40660	
T6401D		T	A		40661	
T6401M		T	A		40671	
T6404B		T	A		40791	
T6404D		T	A		40792	
T6405B		T	A		40787	
T6405D		T	A		40788	
T6406B		T	A		40699	TIC246B
T6406D		T	A		40700	TIC246D
T6406M		T	A		40701	
T6407B		T	A		40705	
T6407D		T	A		40705	
T6407M		T	A		40709	
T6410N		T	A		40926	
T6411B		T	A		40662	
T6411D		T	A		40663	
T6411M		T	A		40672	
T6414B		T	A		40793	
T6414D		T	A		40794	
T6415B		T	A		40789	
T6415D		T	A		40790	
T6416B		T	A		40702	TIC246B
T6416D		T	A		40703	TIC246D
T6416M		T	A		40704	
T6417B		T	A		40707	
T6417D		T	A		40708	
T6417M		T	A		40710	
T6420B		T	A		40688	
T6420D		T	A		40689	
T6420M		T	A		40690	
T6420N		T	A		40927	
T6421B		T	A		40805	
T6421D		T	A		40806	
T6421M		T	A		40807	TIC253M
T8401B		T	A		41029	
T8401D		T	A		41030	
T8401M		T	A		41031	
T8411B		T	A		41032	
T8411D		T	A		41033	
T8411M		T	A		41034	
T8421B		T	A		41035	
T8421D		T	A		41036	
T8421M		T	A		41037	
T8430B		T	A		40916	
T8430D		T	A		40917	
T8430M		T	A		40918	
T8440B		T	A		40919	
T8440D		T	A		40920	
T8440M		T	A		40921	
T8450B		T	A		40922	
T8450D		T	A		40923	
T8450M		T	A		40924	
TA7437R		L	A		TIL24	

TYPE	1	2	3	EUROPEAN		AMERICAN	
TA7393	S		A			TAS7431 B	
TA7394	S		A			TAS7431 D	
TA 7395	S		A			TAS7431 M	
TA7405	S		A			TAS2800D	
TA7407	S		A			TAS2800B	
TA7548		T	A			TAT4121 D	
TA7649		T	A			TAT6415D	
TA7762R		L	A			TIL24	
TA7821		C	A			TAS6400N	
TA7886		D	A			TAD2103M	
TA7887		D	A			TAD2103M	
TA7892		D	A			TAD2601 B	
TA7893		D	A			TAD2601 D	
TA7894		D	A			TAD2601 N	
TA7895		D	A			TAD2601 N	
TA8003		D	A			TAD2101 M	
TA8163		D	A			TAD2201 G	
TA8378		D	A			TAD2201 D	
TA8379		D	A			TAD2201 MF	
TA2101 M		D	A			TA8003	
TA2103M		D	A			TA7886	TA7887
TA2201 D		D	A			TA8378	
TAD2201 G		D	A			TA8163	
TAD2201 MF		D	A			TA8379	
TAD2601 B		D	A			TA7892	
TAD2601 D		D	A			TA7893	
TAD2601 M		D	A			TA7894	
TAD2601 N		D	A			TA7895	
TAS2800B	S		A			TA7407	
TAS2800D	S		A			TA7405	
TAS6400N		C	A			TA7821	
TAS7431 D	S		A				
TAS7431 M	S		A			TA7395	
TAT4121 D		T	A			TA7548	
TAT6415D		T	A			TA7649	
TC106A		C	A			106A1	
TC106B		C	A			106B1	
TC106C		C	A			106C1	
TC106D		C	A			106D1	
TC106F		C	A			106F1	
TC106Q		C	A			106Q1	
TC106Y		C	A			106Y1	
TD252A			A			TU12/1	
TDAL113A		T	E			2N5754	
TDAL113B		T	E			T2302B	
TDAL113S		T	E			T2300B	
TDAL223A		T	E			2N5756	
TDAL223B		T	E			T2302D	
TDAL223S		T	E			T2300D	
TF5	S		E	BAY61			
TF20	S		E	BAY44			
TF22	S		E	BAY46			
TI116		C	A			40654	S2600B
TI117		C	A			40655	S2600D
TI118		C	A			40655	S2600D
TI136		C	A			40654	S2600B
TI137		C	A			40655	S2600D
TI138		C	A			40655	S2600D
TI140A0		C	A			40654	S2600B
TI140A1		C	A			40654	S2600B
TI140A2		C	A			40654	S2600B
TI140A3		C	A			40655	S2600D
TI140A4		C	A			40655	S2600D
TI140A5		C	A			40833	S2600M
TI140A6		C	A			40833	S2600M
TI145A0		C	A			2N3528	
TI145A		C	A			2N3528	
TI145A2		C	A			2N3528	
TI145A3		C	A			2N3529	
TI145A4		C	A			2N3529	
TI150A		C	A			2N3896	
TI151A		C	A			2N3896	
TI152A		C	A			2N3897	
TI153A		C	A			2N3898	
TI154A		C	A			2N3898	

TYPE	1	2	3	EUROPEAN	AMERICAN	
TI40A0		C	A		40654	S2600B
TI40A1		C	A		40654	S2600B
TI40A2		C	A		40654	S2600B
TI40A3		C	A		40655	S2600D
TI40A4		C	A		40655	S2600D
TI3010		C	A		40654	S2600B
TI3011		C	A		40654	S2600B
TI3012		C	A		40654	S2600B
TI3013		C	A		40655	S2600D
TI3014		C	A		40655	S2600D
TI3037		C	A		2N3650	
TI3038		C	A		2N3650	
TI3039		C	A		2N3651	
TI3040		C	A		2N3652	
TI3041		C	A		2N3653	
TI3042		C	A		40735	S7430M
TIC11		C	A		2N3228	
TIC12		C	A		2N3228	
TIC13		C	A		2N3525	
TIC14		C	A		2N3525	
TIC20		T	A		2N5567	
TIC21		T	A		2N5568	
TIC22		T	A		2N5569	
TIC23		T	A		2N5570	
TIC26		C	A		106F	
TIC27		C	A		106A	
TIC28		C	A		40378	
TIC29		C	A		40378	
TIC30		C	A		40378	
TIC31		C	A		40379	
TIC35		C	A		106F1	
TIC36		C	A		106F1	
TIC44		C	A		106Y1	
TIC45		C	A		106A1	
TIC46		C	A		106A1	
TIC47		C	A		106B1	
TIC106A		C	A		106B1	
TIC106B1		C	A		106B1	
TIC106C		C	A		106C1	
TIC106D		C	A		106C1	
TIC106F		C	A		106F1	
TIC106Y		C	A		106Y1	
TIC116A		C	A		40867	S2800A
TIC116B		C	A		40868	S2800B
TIC116C		C	A		40869	S2800D
TIC116D		C	A		40869	S2800D
TIC116F		C	A		40867	S2800A
TIC220B		T	A		2N5567	
TIC220D		T	A		2N5568	
TIC220E		T	A		40795	T4101M
TIC221B		T	A		40799	T4121B
TIC221D		T	A		40800	T4121D
TIC221E		T	A		40801	T4121M
TIC222B		T	A		2N5569	
TIC222D		T	A		2N5570	
TIC226B		T	A		40796	T4111M
TIC226D		T	A		40869	S2800D
TIC230B		T	A		2N5567	
TIC230D		T	A		2N5568	
TIC230E		T	A		40795	T4101M
TIC231B		T	A		40799	T4121B
TIC231D		T	A		40800	T4121D
TIC231E		T	A		40801	T4121M
TIC232B		T	A		2N5569	
TIC232D		T	A		2N5570	
TIC232E		T	A		40796	T4111M
TIC240B		T	A		2N5571	
TIC240D		T	A		2N5572	
TIC240E		T	A		40797	T4100M
TIC241B		T	A		40802	T4120B
TIC241D		T	A		40803	T4120D
TIC241E		T	A		40804	T4120M
TIC242B		T	A		2N5573	
TIC242D		T	A		2N5574	
TIC242E		T	A		40798	T4110M

TYPE	1	2	3	EUROPEAN	AMERICAN	
TIC250B		T	A		40660	T6401B
TIC250D		T	A		40661	T6401D
TIC250E		T	A		40671	T6401M
TIC250M		T	A		40671	T6401M
TIC252B		T	A		40662	T6411B
TIC252D		T	A		40663	T6411D
TIC252E		T	A		40672	T6411M
TIC252M		T	A		40672	T6411M
TIC260B		T	A		40660	T6401B
TIC260D		T	A		40661	T6401D
TIC260E		T	A		40671	T6401M
TIC260M		T	A		40671	T6401M
TIC262B		T	A		40662	T6411B
TIC262D		T	A		40663	T6411D
TIC262E		T	A		40671	T6401M
TIC262M		T	A		40671	T6401M
TIC270B		T	A		2N5441	
TIC270D		T	A		2N5442	
TIC207E		T	A		2N5443	
TIC270M		T	A		2N5443	
TIC272B		T	A		2N5444	
TIC272D		T	A		2N5445	
TIC272E		T	A		2N5446	
TIC272M		T	A		2N5446	
TJAL602D		T	E		T8411B	
TJAL604D		T	E		T8441D	
TJAL06D		T	E		T8411M	
TRAL1110D		T	E		2N5569	
TRAL1115D		T	E		2N5573	
TRAL1125D		T	E		T6411B	
TRAL1130D		T	E		T6421B	
TRAL1140D		T	E		T6420B	
TRAL2210D		T	E		2N5570	
TRAL2215		T	E		2N5574	
TRAL2225D		T	E		T6411D	
TRAL2230D		T	E		T6421D	
TRAL2240		T	E		T6420D	
TXC01A10		T	E		T2700A	
TXC01A20		T	E		T2700B	
TXC01A40		T	E		T2700D	
TXC01B10		T	E		T2700A	
TXC01B20		T	E		T2700B	
TXC01B40		T	E		T2700D	
TXC01C10		T	E		T2700A	
TXC01C20		T	E		T2700B	
TXC01C40		T	E		T2700D	
TXC01D10		T	E		T2700A	
TXC01D20		T	E		T2700B	
TXC01D40		T	E		T2700D	
TXC01E10		T	E		T2700A	
TXC01E20		T	E		T2700B	
TXC01E40		T	E		T2700D	
TXC01F10		T	E		T2700A	
TXC01F20		T	E		T2700B	
TXC01F40		T	E		T2700D	
TXC03A10		T	E		T2500A	
TXC03A20		T	E		T2500B	
TXC03A40		T	E		T2500D	
TXC03A50		T	E		T2500E	
TXC03B10		T	E		T2500A	
TXC03B20		T	E		T2500B	
TXC03B40		T	E		T2500D	
TXC03B50		T	E		T2500E	
TXC01C10		T	E		T2500A	
TXC03C20		T	E		T2500B	
TXC03C40		T	E		T2500D	
TXC03C50		T	E		T2500E	
TXC03D10		T	E		T2500A	
TXC03D20		T	E		T2500B	
TXC03D40		T	E		T2500D	
TXC03D50		T	E		T2500E	
TXC03E10		T	E		T2500A	
TXC03E20		T	E		T2500B	
TXC03E40		T	E		T2500D	
TXC03E50		T	E		T2500E	

TYPE	1	2	3	EUROPEAN	AMERICAN
TXC03F10		T	E		T2500A
TXC03F20		T	E		T2500B
TXC03F40		T	E		T2500D
TXC03F50		T	E		T2500E
TXD98A20		T	E		2N5573
TXD98A40		T	E		2N5574
TXD98A50		T	E		T4110M
TXD99A20		T	E		2N5569
TXD99A40		T	E		2N5570
TXD99A50		T	E		T4111M
TXD99A20		T	E		T6411B
TXD99A40		T	E		T6411D
TXD99A50		T	E		T6411M
TY504		C	E		S2062A
TY507		C	E		S122A
TY510		C	E		S2800F
TY1004		C	E		S2062A
TY1007		C	E		S122A
TY1010		C	E		S2800A
TY2004		C	E		S2062B
TY2007		C	E		S122B
TY2010		C	E		S2800B
TY3004		C	E		S2062C
TY3007		C	E		S122C
TY3010		C	E		S2800C
TY4004		C	E		S2062D
TY4007		C	E		S122D
TY4010		C	E		S2800D
TY5004		C	E		S2062E
TY5007		C	E		S122E
TY5010		C	E		S2800E
TY6004		C	E		S2062M
TY6007		C	E		S122M
TY6010		C	E		S2800M
TYAL113B		T	E		T2500B
TYAL113C		T	E		T2500B
TYAL113M		T	E		T2801B
TYAL116B		T	E		T2500B
TYAL116C		T	E		T2500B
TYAL116M		T	E		T2801B
TYAL118B		T	E		T2500B
TYAL118C		T	E		T2500B
TYAL118M		T	E		T2802B
TYAL223B		T	E		T2500D
TYAL223C		T	E		T2500D
TYAL223M		T	E		T2801D
TYAL226B		T	E		T2500D
TYAL226C		T	E		T2500D
TYAL226M		T	E		T2801D
TYAL228B		T	E		T2500D
TYAL228C		T	E		T2500D
TYAL228M		T	E		T2802D
TYAL1110B		T	E		T2800B
TYAL1110C		T	E		T2800B
TYAL1110M		T	E		T2802B
TYAL2210B		T	E		T2800D
TYAL2210C		T	E		T2800d
TYAL2210M		T	E		T2802
UDT-400		P	A		TIXL80
UDT-600		P	A		TIXL80
YAG-100		P	A		TIXL80
Z1		Z	A	BZY38D1	
Z4		Z	A	BZY83C5V1	
Z5		Z	A	BZY83C5V6	
Z6		Z	A	BZY83C6V8	
Z7		Z	A	BZY83C7V5	
Z8		Z	A	BZY83C8V2	
Z10		Z	A	BZY83D10	
Z12		Z	A	BZY83D12	
Z15		Z	A	BZY83D15	
Z18		Z	A	BZY83D18	
Z22		Z	A	BZY83D22	
ZB5,1		Z	A	BZY83C5V1	
ZB9,1		Z	A	BZY83C9V1	
ZB11		Z	A	BZY83C11	

TYPE	1	2	3	EUROPEAN		AMERICAN
ZF2,7		Z	E	BZX83-C2V7		
ZF3,0		Z	E	BZX83-C3V0		
ZF3,3		Z	E	BZX83-C3V3		
ZF3,6		Z	E	BZX83-C3V6		
ZF3,9		Z	E	BZX83-C3V9		
ZF4,3		Z	E	BZX83-C4V3		
ZF4,7		Z	E	BZX83-C4V7		
ZF5,1		Z	E	BZX83-C5V1		
ZF5,6		Z	A	BZY85C5V6	BZX55C5V6	
ZF6,2		Z	A	BZY85C6V2	BZX55C6V2	
ZF6,8		Z	A	BZY85C6V8	BZX55C6V8	
ZF7,5		Z	A	BZY85C7V5	BZX55C7V5	
ZF8,2		Z	A	BZY85C8V2	BZX55C8V2	
ZF9,1		Z	A	BZY85C9V1	BZX55C9V1	
ZF10		Z	A	BZY85C10	BZX55C10	
ZF11		Z	A	BZY85C11	BZX55C11	
ZF12		Z	A	BZY85C12	BZX55C12	
ZF13		Z	A	BZY85C13	BZX55C13	
ZF15		Z	A	BZY85C15	BZX55C15	
ZF16		Z	A	BZY85C16	BZX55C16	
ZF18		Z	A	BZY85C18	BZX55C18	
ZF20		Z	A	BZY85C20	BZX55C20	
ZF22		Z	A	BZY85C22	BZX55C22	
ZF24		Z	A	BZY85C24	BZX55C24	
ZF27		Z	A	BZY85C27	BZX55C27	
ZF30		Z	A	BZY85C30	BZX55C30	
ZF33		Z	A	BZY85C33	BZX55C33	
ZG1		Z	A	BZY85D1		
ZG2,7		Z	E	BZX83-C2V8		
ZG3,3		Z	E	BZX83-C3V3		
ZG3,9		Z	E	BZX83-C3V9		
ZG4,7		Z	E	BZX83-C4V7		
ZG5,6		Z	A	BZX55D5V6		
ZG6,8		Z	A	BZX55D6V8		
ZG8,2		Z	A	BZX55D8V2		
ZG10		Z	A	BZX55D10		
ZG12		Z	A	BZX55D12		
ZG15		Z	A	BZX55D15		
ZG18		Z	A	BZX55D18		
ZG22		Z	A	BZX55D22		
ZG27		Z	A	BZX55D27		
ZG33		Z	A	BZX55D33		
ZOA2,4		Z	E	BZX97-A2V4		
ZOA2,7		Z	E	BZX97-A2V7		
ZOA3,0		Z	E	BZX97-A3V0		
ZOA3,3		Z	E	BZX97-C3V3		
ZOA3,6		Z	E	BZX97-A3V6		
ZOA3,9		Z	E	BZX97-A3V9		
ZOA4,3		Z	E	BZX97-A4V3		
ZOA4,7		Z	E	BZX97-A4V7		
ZOA5,1		Z	E	BZX97-A5V1		
ZOA5,6		Z	E	BZX97-A5V6		
ZOA6,2		Z	E	BZX97-A6V2		
ZOA6,8		Z	E	BZX97-A6V8		
ZOA7,5		Z	E	BZX97-A7V5		
ZOA8,2		Z	E	BZX97-A8V2		
ZOA9,1		Z	E	BZX97-A9V1		
ZOA10		Z	E	BZX97-A10		
ZOA11		Z	E	BZX97-A11		
ZOA12		Z	E	BZX97-A12		
ZOA13		Z	E	BZX97-A13		
ZOA15		Z	E	BZX97-A15		
ZOA16		Z	E	BZX97-A16		
ZOA18		Z	E	BZX97-A18		
ZOA20		Z	E	BZX97-A20		
ZOA22		Z	E	BZX97-A22		
ZOA24		Z	E	BZX97-A24		
ZOA27		Z	E	BZX97-A27		
ZOA30		Z	E	BZX97-A30		
ZOA33		Z	E	BZX97-A33		
ZP2,7		Z	E	BZX97-C2V7		
ZP3		Z	E	BZX97-C3C0		
ZP3,3		Z	E	BZX97-C3C3		
ZP3,6		Z	E	BZX97-C3V6		
ZP3,9		Z	E	BZX97-C3V9		

TYPE	1	2	3	EUROPEAN		AMERICAN
ZP4,3		Z	E	BZX97-C4V3		
ZP4,7		Z	E	BZX97-C4V7		
ZP5,1		Z	E	BZX97-C5V1		
ZP5,6		Z	A	BZX55C56		
ZP6,2		Z	A	BZX55C6V2		
ZP6,8		Z	A	BZX55C6V8		
ZP715		Z	A	BZX55C7V5		
ZP8,2		Z	A	BZX55C8V2		
ZP9,1		Z	A	BZX55C9V1		
ZP10		Z	A	BZX55C10		
ZP11		Z	A	BZX55C11		
ZP12		Z	A	BZX55C12		
ZP13		Z	A	BZX55C13		
ZP15		Z	A	BZX55C15		
ZP16		Z	A	BZX55C16		
ZP18		Z	A	BZX55C18		
ZP20		Z	A	BZX55C20		
ZP22		Z	A	BZX55C22		
ZP24		Z	A	BZX55C24		
ZP27		Z	E	BZX97-C27		
ZP30		Z	E	BZX97-C30		
ZP33		Z	E	BZX97-C33		
ZPD1		Z	E	BZX97-C0V8		
ZPD2,7		Z	E	BZX97-C2V7		
ZPD3		Z	E	BZX97-C3V0		
ZPD3,3		Z	E	BZX97-C3V3		
ZPD3,6		Z	E	BZX97-C3V6		
ZPD3,9		Z	E	BZX97-C3V9		
ZPD4,3		Z	E	BZX97-C4V3		
ZPD4,7		Z	E	BZX97-C4V7		
ZPD5,1		Z	E	BZX97-C5V1		
ZPD5,6		Z	E	BZX97-C5V6		
ZPD6,2		Z	E	BZX97-C6V2		
ZPD6,8		Z	E	BZX97-C6V8		
ZPD7,5		Z	E	BZX97-C7V5		
ZPD8,2		Z	E	BZX97-C8V2		
ZPD9,1		Z	E	BZX97-C9V1		
ZPD10		Z	E	BZX97-C10		
ZPD11		Z	E	BZX97-C11		
ZPD12		Z	E	BZX97-C12		
ZPD13		Z	E	BZX97-C13		
ZPD15		Z	E	BZX97-C15		
ZPD16		Z	E	BZX97-C16		
ZPD18		Z	E	BZX97-C18		
ZPD20		Z	E	BZX97-C20		
ZPD22		Z	E	BZX97-C22		
ZPD24		Z	E	BZX97-C24		
ZPD27		Z	E	BZX97-C27		
ZPD30		Z	E	BZX97-C30		
ZPD33		Z	E	BZX97-C33		
ZS78	S		E	SSI-B-0780		
ZS702	S		E	SSI-C-0820		
ZS704	S		E	SSI-C-0840		
¼M2,4AZ		Z	A	BZX83-C2V4		
¼M2,7AZ		Z	A	BZX83-C2V7		
¼M3,0AZ		Z	A		BZX83-C3V0	
¼M3,3AZ		Z	A	BZX83-C3V3		
¼M3,6AZ		Z	A	BZX83-C3V6		
¼M3,9AZ		Z	A	BZX83-C3V9		
¼M4,3AZ		Z	A	BZX83-C4V3		
¼M4,7AZ		Z	A	BZY85D4V7	BZX83C4V7	
¼M5,1AZ		Z	A	BZY85C5V1	BZX83C5V1	
¼M5,6A7		Z	A	BZY85D5V6	BZX83C5V6	
¼M6,2AZ		Z	A	BZY85D6V2	BZX83C6V2	
¼M6,8AZ		Z	A	BZY85D6V8	BZX83C6V8	
¼M7,5Z		Z	A	BZY85C7V5	BZX83C7V5	
¼M8,2Z		Z	A	BZY85D8V2	BZX83C8V2	
¼M9,1Z		Z	A	BZY85C9V1	BZX83C9V1	
¼M10Z		Z	A	BZY85C10	BZX83C10	
¼M11Z		Z	A	BZY85C11	BZX83C11	
¼M12Z		Z	A	BZY85D12	BZX83C12	
¼M13Z		Z	A	BZY85C13V5	BZX83C13	
¼M14Z		Z	A	BZY85C13V5	BZX83C14	
¼M15Z		Z	A	BZY85C15	BZX83C15	
¼M16Z		Z	A	BZY85C16V5	BZX83C16	

TYPE	1	2	3	EUROPEAN		AMERICAN	
¼M17Z		Z	A	BZY85C16V5	BZX83-C17		
¼M18Z		Z	A	BZY85D18	BZX83C18		
¼M18Z		Z	A	BZY85D18	BZX83C18		
¼M19Z		Z	A	BZY85C18	BZX83D20		
¼M20Z		Z	A	BZY85C20	BZX83C20		
¼M22Z		Z	A	BZY85D22	BZX83C22		
¼M24Z		Z	A	BZX83C24			
¼M27Z		Z	A	BZX83C27			
¼M30Z		Z	A	BZX83C30			
¼M33Z		Z	A	BZX83C33			
.25N6.8		Z	A	(BZX83-C6V8)			
.25N7.5		Z	A	(BZX83-C7V5)			
.25N8.2		Z	A	(BZX83-C8V2)			
.25N9.1		Z	A	(BZX83-C9V1)			
.25N10		Z	A	(BZX83-C10)			
.25N11		Z	A	(BZX83-C11)			
.25N12		Z	A	(BZX83-C12)			
.25N13		Z	A	(BZX83-C13)			
.25N15		Z	A	(BZX83-C15)			
.25N16		Z	A	(BZX83-C16)			
.25N18		Z	A	(BZX83-C18)			
.25N20		Z	A	(BZX83-C20)			
.25N22		Z	A	(BZX83-C22)			
.25N24		Z	A	(BZX83-C24)			
.25N27		Z	A	(BZX83-C27)			
.25N30		Z	A	(BZX83-C30)			
.25N33		Z	A	(BZX83-C33)			
.4M2.4AZ10,5		Z	A	(BZX97-C2V4)			
.4M2.7AZ10,5		Z	A	(BZX97-C2V7)			
.4M3.0AZ10,5		Z	A	(BZX97-C3V0)			
.4M3.3AZ10,5		Z	A	(BZX97-C3V3)			
.4M3.6AZ10,5		Z	A	(BZX97-C3V6)			
.4M3.9AZ10,5		Z	A	(BZX97-C3V9)			
.4M4.3AZ10,5		Z	A	(BZX97-C4V3)			
.4M4.7AZ10,5		Z	A	(BZX97-C4V7)			
.4M5.1AZ10,5		Z	A	(BZX97-C5V1)			
.4M5.6AZ10,5		Z	A	(BZX97-C5V6)			
.4M6.2AZ10,5		Z	A	(BZX97-C6V2)			
.4M6.8AZ10,5		Z	A	(BZX97-C6V8)			
.4M6.8Z5		Z	A	(BZX97-C6V8)			
.4M7.5AZ10,5		Z	A	(BZX97-C7V5)			
.4M7.5A5		Z	A	(BZX97-C7V5)			
.4M8.2AZ10,5		Z	A	(BZX97-C8V2)			
.4M8.2Z5		Z	A	(BZX97-C8V2)			
.4M9.1AZ10,5		Z	A	(BZX97-C9V1)			
.4M9.1Z5		Z	A	(BZX97-C9V1)			
.4M10AZ10,5		Z	A	(BZX97-C10)			
.4M10Z5		Z	A	(BZX97-C10)			
.4M11Z5		Z	A	(BZX97-C11)			
.4M12AZ10,5		Z	A	(BZX97-C12)			
.4M12Z5		Z	A	(BZX97-C12)			
.4M13Z5		Z	A	(BZX97-C13)			
.4M15Z5		Z	A	(BZX97-C15)			
.4M16Z5		Z	A	(BZX97-C16)			
.4M18Z5		Z	A	(BZX97-C18)			
.4M20Z5		Z	A	(BZX97-C20)			
.4M22Z5		Z	A	(BZX97-C22)			
.4M24Z5		Z	A	(BZX97-C24)			
.4M27Z5		Z	A	(BZX97-C27)			
.4M30Z5		Z	A	(BZX97-C30)			
.4M33Z5		Z	A	(BZX97-C33)			
½Z3.3T5		Z	A	(BZX97-C3V3)			
½Z3.6T5		Z	A	(BZX97-C3V6)			
½Z3.9T5		Z	A	(BZX97-C3V9)			
½Z4.3T5		Z	A	(BZX97-C4V3)			
½Z4.7T5		Z	A	(BZX97-C4V7)			
½Z5.1T5		Z	A	(BZX97-C5V1)			
½Z5.6T5		Z	A	(BZX97-C5V6)			
½Z6.2T5		Z	A	(BZX97-C6V2)			
½Z6.8T5		Z	A	(BZX97-C6V8)			
½Z7.5T5		Z	A	(BZX97-C7V5)			
½Z8.2T5		Z	A	(BZX97-C8V2)			
½Z9.5T5		Z	A	(BZX97-C9V1)			
½Z10T5		Z	A	(BZX97-C10)			
½Z11T5		Z	A	(BZX97-C11)			

TYPE	1	2	3	EUROPEAN		AMERICAN	
½Z12T5		Z	A	(BZX97-C12)			
½Z13T5		Z	A	(BZX97-C13)			
½Z15T5		Z	A	(BZX97-C15)			
½Z16T5		Z	A	(BZX97-C16)			
½Z18T5		Z	A	(BZX97-C18)			
½Z20T5		Z	A	(BZX97-C20)			
½Z22T5		Z	A	(BZX97-C22)			
½Z24T5		Z	A	(BZX97-C24)			
½Z27T5		Z	A	(BZX97-C27)			
½Z30T5		Z	A	(BZX97-C30)			
½Z33T5		Z	A	(BZX97-C33)			
1G27	G		A	OA95		IN618	
1G28	G		A	OA95		IN618	
1G91	G		A	OA90		IN87A	
1G92	G		A	OA90		IN87A	
1G95	G		A	AA119			
1N27	S		A	OA85			
1N30	S		A	OA85			
1N32	S		A	OA85			
1N32A	S		A	OA85			
1N34	S		A	OA95	OA85	IN618	
				AA118			
1N34A	S		A	OA95	OA85	IN618	
				AA118			
1N34AS	S		A	OA95			
1N35	S		A	AA119			
1N36			A	AA119			
1N38	S		A	OA95	OA85	IN618	
	S		A	AA118			
1N38A			A	OA95	OA85	IN618	
	S		A	AA118			
1N38B			A	OA95	OA85	IN618	
	S		A	AA118			
1N38BS			A	OA95			
1N40	S		A	OA79	AA116		
1N41	S		A	4XAA116			
1N43	S		A	OA95	OA85	IN618	
				AA113			
1N44	S		A	OA95	OA85	IN618	
				AA117			
1N45	S		A	OA95	OA85	IN618	
				AA117			
1N46	S		A	OA95	OA85	IN618	
				AA113			
1N47	S		A	OA95	OA85	IN618	
1N48	S		A	OA85	AA117		
				OA91			
1N48A	S		A	OA81			
1N49	S		A	OA95	OA81	IN618	
1N50	S		A	OA85			
1N51			A	OA81			
1N51A	S		A	OA81			
1N52	S		A	OA95	OA85	IN618	
				AA118			
1N52A	S		A	OA95	OA85	IN618	
1N54	S		A	OA91			
1N54A	S		A	OA95	OA85	IN618	
				AA118			
1N54AS	S		A	OA95			
1N56	S		A	OA85			
1N56A	S		A	OA85			
1N57	S		A	OA95	OA85	IN618	
1N57	S		A	AA118			
1N57A	S		A	OA95	OA81	IN618	
1N58	S		A	OA95	OA85	IN618	
				AA118			
1N58A	S		A	OA95	OA85	IN618	
1N58AS	S		A	OA95			
1N60	S		A	AA119			
1N60A	S		A	OA90	OA95	IN87A	
1N61	S		A	OA85			
1N62	S		A	OA85			
1N63	S		A	OA95	OA85	IN618	
				AA118			
1N63A	S		A	OA95	OA85	IN618	
1N63S	S		A	OA95			

TYPE	1	2	3	EUROPEAN		AMERICAN
1N64	S		A	AA119	OA85	
1N64A	S		A	AA119	OA79	
1N65	S		A	OA95	OA81	IN618
				AA117		
1N65A	S		A	OA81		
1N65S	S		A	OA95		
1N66	S		A	OA95	OA85	IN618
				AA113		
1N66A			A	OA85	AA113	
1N67	S		A	OA95	AA118	IN618
1N67	S		A	OA95	AA118	IN618
1N67A	S		A	OA95	AA118	IN618
1N67P	S		A	OA81		
1N68	S		A	OA95	OA85	IN618
1N68A	S		A	OA95	OA85	IN618
1N69	S		A	OA95	OA85	IN618
				AA118		
1N69A	S		A	OA95		IN618
1N70	S		A	OA95	OA85	IN618
				AA117		
1N70A	S		A	OA95	AA117	IN618
1N71	S		A	OA95	OA85	IN618
1N75	S		A	OA95	OA85	IN618
				AA118		
1N75A	S		A	OA85		
1N77			A	OAP12		
1N77A			A	OAP12		
1N81	S		A	OA95	OA85	IN618
				AA118		
1N81A	S		A	OA95		IN618
1N84	S		A	OA95	OA85	IN618
1N86	S		A	OA95	OA85	IN618
1N87	S		A	OA90	OA70	IN87A
				AA119		
1N87A	S		A	OA90		
1N88	S		A	OA95	OA81	IN618
				AA118		
1N89	S		A	OA95	OA85	IN618
				AA117		
1N90	S		A	OA95	AA113	IN618
1N91	S		A	OA202	AA118	
1N92	S		A	BY100		
1N95	S		A	OA95	OA85	IN618
1N96	S		A	OA95	AAY28	
						IN618
1N97	S		A	OA95	AA118	IN618
1N97A	S		A	OA95		IN618
1N98	S		A	OA95		IN618
1N99	S		A	OA95	OA85	IN618
1N100	S		A	OA95		IN618
1N105	S		A	AA119	OA70	
1N111	S		A	OA95	OA85	IN618
1N112	S		A	OA95	OA85	IN618
1N113	S		A	OA95	OA81	IN618
1N114	S		A	OA95	OA81	IN618
1N115	S		A	OA95	OA81	IN618
1N116	S		A	OA95	OA85	IN618
				AA118		
1N116A	S		A	OA95		IN618
1N117	S		A	OA95	OA85	IN618
1N117A	S		A	OA85		
1N118	S		A	OA95		IN618
1N118A	S		A	OA95	OA85	IN618
1N119	S		A	AAY11		
1N120	S		A	AAY11		
1N126	S		A	OA95	OA85	IN618
1N126A	S		A	OA95		IN618
1N127	S		A	OA95	OA85	IN618
				AA117		
1N127A	S		A	OA85		
1N128	S		A	OA95	OA85	IN618
1N28A	S		A	OA95	OA85	IN618
1N132	S		A	AA116		
1N135	S		A	OA95	OA85	IN618
1N137B	S		A	BA100		
1N141	S		A	OA95		
1N142	S		A	OA81	OA85	
				AA118		
1N153	S		A	BY100		
1N154A	S		A	AA118		

TYPE	1	2	3	EUROPEAN		AMERICAN	
1N175	S		A	OA81	OA85		
1N189	S		A	AA118			
1N89A	S		A	AA118			
1N191	S		A	AAY11	AA117		
1N192	S		A	AAY11			
1N193	S		A			FDH666	
1N194	S		A			FDH666	
1N194A	S		A	BA100		FDH666	
1N195	S		A			FDH666	
1N196	S		A			FDH666	
1N198	S		A	OA85	AA118		
				OA91			
1N198A	S		A	OA81			
1N202	S		A	BA100			
1N209	S		A	BA100			
1N215	S		A	OA202			
1N216	S		A	OA202			
1N225		Z	A	OAZ212			
1N226		Z	A	BZY83/C11			
1N227		Z	A	BZY83/C12/C13			
1N228		Z	A	BZY83/C15/C16			
1N229		Z	A	BZY83/C18/C20			
1N248A	S		A	BYZ14		IN248	
1N248B	S		A	BYZ14			
1N249A	S		A	BYZ14		IN249B	
1N249B	S		A	BYZ14			
1N250A	S		A	BYZ14		IN250B	
1N250B	S		A	BYZ14			
1N251	S		A	OA200			
1N252	S		A	OA200	BAY61		
1N253	S		A	BY114		MR1121	
1N254	S		A	BY126	BY114	MR1122	
1N255	S		A	BY126	BY114	MR1124	
1N256	S		A	BY127	BY100	IN618	MR1126
				OA95	OA85		
1N266	S		A	OA95	OA85	IN618	
1N267	S		A	AA119	OA79		
1N270	S		A	AAZ15			
1N275	S		A	AAZ15			
1N276	S		A	AAZ15			
1N277	S		A	AAZ15	AAZ17		
1N279	S		A	AAZ15			
1N281	S		A	AAZ15			
1N283	S		A	AAZ18			
1N290	S		A	OA95	OA85	IN618	
				AA118			
1N294	S		A	OA95	OA81	IN618	
1N294A	S		A	OA95	OA81	IN618	
1N295	S		A	OA79			
1N295A	S		A	OA90		IN87A	
1N297	S		A	OA95	OA81	IN618	
1N298	S		A	OA95		IN618	
1N300	S		A			IN482	
1N300A	S		A	OA200		IN482	
1N300B	S		A			IN482	
1N301	S		A	BA100		IN483	
1N301A	S		A	BA100		IN483	
1N301B	S		A	BA100		IN483	
1N303	S		A	OA202			
1N316	S		A			IN4001	
1N317	S		A			IN4002	
1N318	S		A			IN4003	
1N319	S		A	AA119		IN4004	
1N320	S		A			IN4005	
1N321	S		A			IN4007	
1N322	S		A			IN4007	
1N323	S		A			IN4001	
1N324	S		A			IN4002	
1N325	S		A			IN4003	
1N326	S		A			IN4004	
1N327	S		A			IN4005	
1N328	S		A			IN4007	
1N329	S		A			IN4007	
1N330	S		A			IN456	
1N331	S		A			IN456	
1N332	S		A	BY126		MR1124	

TYPE	1	2	3	EUROPEAN		AMERICAN	
1N333	S		A			MR1124	
1N334	S		A			MR1123	
1N335	S		A			MR1123	
1N336	S		A			MR1122	
1N337	S		A			MR1122	
1N338	S		A	BY127	BYZ13	MR1121	
1N339	S		A			MR1121	
1N340	S		A			MR1121	
1N341	S		A	BY126		MR1124	
1N342	S		A	BY126	BY114	MR1124	
1N343	S		A	BY126	BY114	MR1123	
1N344	S		A	BY126	BY114	MR1123	
1N345	S		A	BY126	BY114	MR1122	
1N346	S		A	BY126	BY114	MR1122	
1N347	S		A	BYZ13		MR1121	
1N348	S		A	BY126		MR1121	
1N349	S		A	BY126		MR1121	
1N350	S		A	BA100		IN457	
1N351	S		A			IN484	
1N352	S		A			IN485	
1N353	S		A			IN661	
1N355	S		A	OA95	OA81	IN618	
1N359	S		A			IN4001	
1N360	S		A			IN4002	
1N361	S		A			IN4003	
1N362	S		A			IN4004	
1N363	S		A			IN4005	
1N364	S		A			IN4007	
1N365	S		A			IN4007	
1N370	S		A			IN5221B	
1N371	S		A			IN5221A	
1N372	S		A			IN5225A	
1N373	S		A			IN747	IN5227A
1N374	S		A			IN749	IN5229A
1N375	S		A			IN750	IN5230A
1N376	S		A			IN752	IN5233A
1N377	S		A			IN754	IN5236A
1N378	S		A			IN757	IN5238A
1N379	S		A			IN758	IN5240A
1N380	S		A	BA100		IN964A	IN5243A
1N381	S		A			IN966A	IN5246A
1N382	S		A			IN968A	IN5246A
1N383	S		A			IN970A	IN5252A
1N384	S		A			IN972A	IN5255A
1N385	S		A			IN973A	IN5258A
1N386	S		A			IN5260A	
1N387	S		A			IN5261A	
1N388	S		A				IN5264A
1N389	S		A			IN5266A	
1N390	S		A			IN5269A	
1N391	S		A			IN5271A	
1N392	S		A			IN5274A	
1N393	S		A			IN5277A	
1N394	S		A			IN5280A	
1N411B	S		A			MR1810SB	
1N412B	S		A			MR1811SB	
1N413B	S		A			MR1813SB	
1N424A		Z	A	OAZ203	BAX16		
1N429		Z	A	BZY83/C6V2			
1N430		Z	A	BZY83/C8V2		IN3156	
1N430A		Z	A			IN3157	
1N430B		Z	A			IN3157A	
1N432	S		A	OA200		IN482	
1N432A	S		A			IN482	
1N433	S		A	OA202		IN485	
1N433A	S		A			IN485	
1N343	S		A	OA202		IN485	
1N434A	S		A			IN485	
1N440	S		A			IN4002	
1N440B	S		A			IN4002	
1N441	S		A	BY126		IN4004	
1N441B	S		A	SSIBO720		IN4003	
1N442	S		A	BY126		IN4004	
1N442B	S		A			IN4004	
1N443	S		A	BY126		IN4004	

TYPE	1	2	3	EUROPEAN		AMERICAN	
1N443B	S		A			IN4004	
1N444	S		A	BY127		IN4005	
1N444B	S		A	BY127		IN4005	
1N445	S		A			IN4005	
1N445B	S		A			IN4005	
1N448	S		A	OA95	OA85	IN618	
1N45B	S		A	BAW75	BAW62	IN3604	
1N456A	S		A	OA200			
1N457	S		A	OA202			
1N458	S		A	OA202			
1N458A	S		A	BAY46			
1N459	S		A	BAX17			
1N460	S		A			IN484	
1N460A	S		A			IN484	
1N461	S		A	BA100			
1N462	S		A	OA202		BAY61	
1N464	S		A	BAY46			
1N464A	S		A	OA202			
1N465A	S		A			IN5223B	
1N465B	S		A			IN5223A	
1N466		Z	A			IN474	IN5226A
1N466A		Z	A			IN746A	IN5226B
1N467		Z	A			IN749	IN5228B
1N467A		Z	A			IN749A	IN5228B
1N468		Z	A	BZY64	BZY83/D4V7	IN750	IN5230A
1N468A		Z	A			IN750A	IN5230B
1N469		Z	A			IN753	IN5232B
1N469A		Z	A			IN753A	IN5232B
1N470		Z	A	OAZ204	BZY83/C6V8	IN754	IN5235B
1N470A		Z	A			IN754A	IN5235B
1N473		Z	A	BZY83/D4V7			
1N474		Z	A	BZY83/D5V6			
1N475		Z	A	BZY83/C6V8			
1N476	S		A	OA81 AA117	OA95	IN476	IN618
1N477	S		A	OA81C AA117	OA95 OA81	IN477	IN618
1N478	S		A	OA85 AA118	OA95	IN478	IN618
1N479	S		A	OA85C AA118	OA95 OA85	IN479	IN618
1N480	S		A	OA86	AAY11		
1N482	S		A	OA200			
1N482A	S		A	BA105			
1N483	S		A	OA202		IN3604	
1N484	S		A	OA202			
1N484A	S		A	BAY45			
1N485	S		A	BAY45	BAY46		
1N485B	S		A	BAX17			
1N486A	S		A	BY126			
1N486B	S		A	BY126			
1N487	S		A	BY126			
1N488A	S		A	BY126			
1N488B	S		A	BY126			
1N503	S		A			IN4001	
1N504	S		A			IN4002	
1N505	S		A			IN4003	
1N506	S		A			IN4004	
1N507	S		A			IN4004	
1N508	S		A			IN4005	
1N509	S		A			IN4006	
1N510	S		A	BA133		IN4007	
1N511	S		A			IN4001	
1N512	S		A			IN4002	
1N513	S		A			IN4003	
1N514	S		A			IN4004	
1N515	S		A			IN4004	
1N516	S		A			IN4005	
1N517	S		A			IN4006	
1N518	S		A			IN4007	
1N519	S		A			IN4001	
1N520	S		A			IN4002	
1N521	S		A			IN4003	
1N522	S		A			IN4004	
1N523	S		A			IN4004	
1N524	S		A			IN4005	

TYPE	1	2	3	EUROPEAN		AMERICAN	
1N525	S		A			IN4006	
1N526	S		A			IN4007	
1N527	S		A	AA119			
1N530	S		A	BA131A		IN4002	
1N531	S		A			IN4003	
1N532	S		A			IN4004	
1N533	S		A			IN4004	
1N534	S		A			IN4005	
1N535	S		A			IN4005	
1N536	S		A	AAZ15		IN4001	
1N537	S		A	BY127		IN4002	
1N538	S		A	BY127	BY114 SSiBO720	IN4003	
1N539	S		A	BY127		IN4004	
1N540	S		A	SSiBO740	BY114	IN4004	
1N541	S		A	AA119	OA79		
1N542	S		A	2-AA119	2-OA79		
1N543	S		A			MR991A	
1N547	S		A	BY127	BY100	IN4005	
1N548	S		A			IN4007	
1N549	S		A			MR1-1200	
1N550	S		A			MR1121	
1N551	S		A			MR1122	
1N552	S		A			MR1123	
1N553	S		A			MR1124	
1N554	S		A			MR1125	
1N555	S		A			MR1126	
1N560	S		A	BA133		IN4006	
1N56	S		A			IN4007	
1N562	S		A	BY127		MR1128	
1N563	S		A			MR1130	
1N570	S		A	BY100			
1N573	S		A	BY114			
1N588	S		A			MR991A	
1N589	S		A			MR991A	
1N596	S		A			IN4005	
1N597	S		A			IN4006	
1N599	S		A			IN4001	
1N599A	S		A	BY126	BY114	IN4001	
1N600	S		A			IN4002	
1N600A	S		A	BY126	BY114	IN4002	
1N601	S		A			IN4003	
1N601A	S		A			IN4003	
1N602	S		A			IN4003	
1N602A	S		A	BY126	BY114	IN4003	
1N603	S		A	BA133		IN4004	
1N603A	S		A	BY126	BY114	IN4004	
1N604	S		A	BA133		IN404	
1N604A	S		A	BY126	BY114	IN4004	
1N605	S		A			IN4005	
1N605A	S		A	BY127	BY114	IN4005	
1N606	S		A	BA133		IN4005	
1N606A	S		A	BY127	BY114	IN4005	
1N607	S		A			IN4001	MR1120
1N607A	S		A			IN4001	MR1120
1N608	S		A			IN4002	MR1121
1N608A	S		A			IN4002	MR1121
1N609	S		A			IN4003	MR1122
1N609A	S		A			IN4003	MR1122
1N610	S		A			IN4003	MR1122
1N610A	S		A			IN4003	MR1122
1N611	S		A			IN4004	MR1123
1N611A	S		A			IN4004	MR1123
1N612	S		A			IN4004	MR1124
1N612A	S		A			IN4004	MR1124
1N613	S		A			IN4005	MR1125
1N613A	S		A			MR1125	
1N613B	S		A			IN4005	
1N614	S		A			IN4005	MR1126
1N614A	S		A			IN4005	MR1126
1N616	S		A	OA73 OA73	OA90	IN87A	
1N617	S		A	OA91 AA117	OA95	IN617	IN618
1N618	S		A	OA95 AA118	OA91	IN618	

TYPE	1	2	3	EUROPEAN		AMERICAN	
1N619	S		A			FDH666	
1N622	S		A			FDH444	
1N643	S		A	BAX16			
1N645	S		A	BY114		IN4003	
1N645A	S		A			IN4003	
1N646	S		A	BY126	BY114	IN4004	
				BA105			
1N647	S		A	BY114	SSiBO740	IN4004	
1N648	S		A	BY114		IN4005	
1N649	S		A	BY114	SSiBO740	IN4005	
				BYX10			
1N658	S		A	BAY66	BAX16		
1N659	S		A	BA100	BAY98		
				BAX16			
1N660	S		A	OA202	BAY98		
				BAX16			
1N661	S		A	BAX16			
1N662	S		A	BAX16			
1N663	S		A	BAY98	BAX16		
1N664		Z	A			IN756A	IN5237A
1N665		Z	A			IN759A	IN5242A
1N666		Z	A			IN965B	IN5245B
1N667		Z	A			IN967B	IN5248A
1N668		Z	A			IN969B	IN5251A
1N669		Z	A			IN971B	IN5244
1N670		Z	A			IN5266B	
1N671		Z	A			IN5271A	
1N672		Z	A			IN5276A	
1N673	S		A	BY126			
1N674		Z	A			IN750A	IN5230A
1N675		Z	A			IN753A	IN5234A
1N676	S		A	OA202		IN4002	
1N677	S		A	SSiBO710		IN4002	
1N678	S		A	BY114		IN4003	
1N679	S		A			IN4003	
1N681	S		A			IN4004	
1N682	S		A			IN4004	
1N683	S		A	BY114		IN4004	
1N684	S		A	BA133		IN4004	
1N685	S		A			IN4005	
1N686	S		A			IN4005	
1N687	S		A	BY100		IN4005	
1N689	S		A			IN4005	
1N690	S		A			FDH400	
1N691	S		A			FDH400	
1N692	S		A			FDH400	
1N693	S		A			FDH400	
1N695	S		A	AAY15			
1N695A	S		A	AAY27			
1N696	S		A	BAY38		FDH666	
1N697	S		A			FDH666	
1N698	S		A	OA47		IN698	
1N701		Z	A	BZY85/C6V2	BZY55/C6V2	IN758A	IN5240B
1N702		Z	A			IN5223A	
1N702A		Z	A			IN5223B	
1N703		Z	A			IN747	IN5227A
1N703A		Z	A			IN747A	IN5227B
1N704		Z	A			IN749	IN5229A
1N704A		Z	A			IN749A	IN5229B
1N705		Z	A	BZY85/D4V7		IN750	IN5230A
1N705A		Z	A			IN750A	IN5230B
1N706		Z	A	BZY65	BZY85/D5V6	IN752	IN5232A
1N706A		Z	A			IN752A	IN5232B
1N707		Z	A	BZY66	BZY85/C6V8	IN754	IN5236A
1N707A		Z	A			IN654A	IN5236B
1N708		Z	A	BZY85/D5V6	BZX79/C5V6	IN752	IN5232B
1N708A		Z	A			IN752A	IN5232B
1N709		Z	A	BZY58	BZX79/C6V2	IN753	IN5234A
1N709A		Z	A			IN753A	IN5234B
1N710		Z	A	BZY59	BZX79/C6V8	IN754	IN5235A
1N710A		Z	A	BZX55/D6V8		IN754A	IN5235B
1N711		Z	A	BZY60	BZY85C7V5	IN755	IN5236A
				BZX79/C7V5	BZX55/C7V5		
1N711A		Z	A			IN755A	IN5236B
1N712		Z	A	BZY62	BZY85/C8V2	IN756	IN5237A
				BZX79/C8V2	BZX55/C8V2		

TYPE	1	2	3	EUROPEAN		AMERICAN	
1N712A		Z	A			IN756A	IN5237B
1N713		Z	A	BZY63	BZY85/C9	IN757	IN5239A
				BZX79/C9V1			
1N713A		Z	A			IN757A	IN5239B
1N714		Z	A	BZY85/C10	BZX55/C10	IN758	IN5240A
				BZX79/C10			
1N714A		Z	A	BZY85/C10	BZX55/C10	IN758A	IN5240B
1N715		Z	A	BZY85/C11	BZX55/C11	IN962A	IN5241A
				BZX79/C11			
1N715A		Z	A	BZY(5/C11	BZX55/C11	IN962B	IN5241B
1N716		Z	A	BZY85/C11	BZY85/C12	IN963A	IN5242A
				BZX79/C12			
1N716A		Z	A	BZY85/C12	BZX/C12	IN963B	IN5242B
1N717		Z	A	BZY85/C12	BZY85/C13	IN964A	IN5243A
				BZX79/C13			
1N717A		Z	A			IN964B	IN5243B
1N718		Z	A	BZY85/C15	BZX55/C15	IN965A	IN5245A
				BZX79/C15			
1N718A		Z	A	BZY85/C15		IN965B	IN5245B
1N719		Z	A	BZY85/C16V5	BZY79/C16	IN966A	IN5246A
1N719A		Z	A	BZY85/C16V5	BZY85/D15	IN966B	IN5246B
				BZX55/C16			
1N720		Z	A	BZX79/C18		IN967A	IN5248A
1N720A		Z	A	BZY85/C18	BZY85/D18	IN967B	IN5248B
				BZX55/C18			
1N721		Z	A	BZY85/C20	BZX79/C20	IN968A	IN5250A
1N721A		Z	A			IN968B	IN5250B
1N722		Z	A	BZY85/D22	BZX79/C22	IN969A	IN5251A
1N722A		Z	A			IN969B	IN5251B
1N723		Z	A	BZX79/C24		IN970A	IN5252A
1N723A		Z	A			IN970B	IN5252B
1N724		Z	A	BZX55/C27	BZX79/C27	IN971A	IN5254A
1N724A		Z	A			IN971B	IN5254B
1N725		Z	A	BZX79/C30		IN972B	IN5256A
1N725A		Z	A			IN972B	IN5256B
1N726		Z	A	BZX79/C33		IN973A	IN5257A
1N726A		Z	A			IN973B	IN5257B
1N727		Z	A	BZX79/C36		IN5258A	
1N727A		Z	A			IN5258B	
1N728		Z	A	BZX79/C39		IN5259A	
1N728A		Z	A			IN5259B	
1N729		Z	A	BZX79/C43		IN5260A	
1N729A		Z	A			IN5260B	
1N730		Z	A	BZX79/C47		IN5261A	
1N730A		Z	A			IN5261B	
1N731		Z	A	BZX79/C51			
1N731A		Z	A			IN5262B	
1N732		Z	A	BZX61/C56			
1N732A		Z	A			IN5263B	
1N733		Z	A	BZX61/C62		IN5265B	
1N733A		Z	A			IN5265B	
1N734		Z	A	BZX61/C68		IN5266A	
1N734A		Z	A			IN5266B	
1N735		Z	A	BZX61/C75		IN5267A	
1N735A		Z	A			IN5267B	
1N736		Z	A			IN5268A	
1N736A		Z	A			IN5268B	
1N737		Z	A			IN5270A	
1N737A		Z	A			IN5270B	
1N738		Z	A			IN5271A	
1N738A		Z	A			IN5271B	
1N739		Z	A			IN5272A	
1N739A		Z	A			IN5272B	
1N740		Z	A			IN5273A	
1N740A		Z	A			IN5273B	
1N741		Z	A			IN5274A	
1N741A		Z	A			IN5274B	
1N742		Z	A			IN5276A	
1N742A		Z	A			IN5276B	
1N743		Z	A			IN5277A	
1N743A		Z	A			IN5277B	
1N744		Z	A			IN5279A	
1N744A		Z	A			IN5279B	
1N745		Z	A			IN5281A	
1N745A		Z	A			IN5281B	
1N746		Z	A	BZX79/C3V3			
1N747		Z	A	BZX79/C3V6			
1N748		Z	A	SSiBO710	BZX79/C3V9		

TYPE	1	2	3	EUROPEAN		AMERICAN	
1N749		Z	A	BZX79/C4V3			
1N750		Z	A	BZX79/C4V7			
1N750A		Z	A	BZX85/C4V7			
1N751		Z	A	BZY56	BZX79/C5V1		
1N751A		Z	A	BZX85/C5V1			
1N752		Z	A	BZY64	BZX79/C5V6		
1N752A		Z	A	BZY85/C5V6	BZX55/C5V6		
1N753		Z	A	BZZ10	BZY85/C6V2		
				BZX79/C6V2	BZX55/C6V2		
1N754		Z	A	BZZ11	BZX79/C6V8		
1N754A		Z	A	BZX55D6V8	BZX55/C6V8		
1N755		Z	A	BZZ12	BZX79/C7V5		
1N755A		Z	A	BZX55/C7V5			
1N756		Z	A	BZZ13			
1N756A		Z	A	BZX85/C8V5	BZX55/C8V2		
1N757		Z	A	BZY68	BZX79/C9V1		
1N757A		Z	A	BZX55/C9V1			
1N758		Z	A	BZX55/C10			
1N758A		Z	A	BZX55/C10			
1N759		Z	A	BZX55/D12	BZX55/C15		
1N761		Z	A	OAZ200		IN750	IN5230
1N762		Z	A	OAZ209		IN752	IN5232B
1N763		Z	A	OAZ211		IN754	IN5238B
1N764		Z	A			IN757	IN5238A
1N765		Z	A	OAZ212		IN758	IN5240A
1N766		Z	A	BZY69		IN964A	IN5243A
1N767		Z	A			IN966A	IN5246A
1N768		Z	A	BZX55/C18		IN968A	IN5249A
1N769		Z	A			IN970A	IN5252A
1N800	S		A			IN3070	
1N802	S		A			IN3070	
1N803	S		A			IN3070	
1N810	S		A			FDH600	
1N816		Z	A	BZY85/D1			
1N817	S		A			IN3070	
1N821		Z	A	BZY55/C6V2			
1N823		Z	A	BZY85/C6V2	BZX55/C6V2		
1N825		Z	A	OAZ10	BZX55/C6V2		
1N826	S		A			IN25	
1N827		Z	A	BZY55/C6V2			
1N828	S		A			IN827	
1N829		Z	A	BZY55/C6V2			
1N846	S		A			IN4001	
1N847	S		A			IN4002	
1N848	S		A			IN4003	
1N849	S		A			IN4004	
1N850	S		A			IN4004	
1N851	S		A			IN4005	
1N852	S		A			IN4005	
1N853	S		A			IN4006	
1N854	S		A			IN4006	
1N855	S		A			IN4007	
1N856	S		A			IN4007	
1N857	S		A			IN4001	
1N858	S		A			IN4002	
1N859	S		A			IN4003	
1N860	S		A			IN4004	
1N861	S		A			IN4004	
1N862	S		A			IN4005	
1N863	S		A			IN4005	
1N864	S		A			IN4006	
1N865	S		A			IN4006	
1N866	S		A			IN4007	
1N867	S		A			IN4007	
1N868	S		A			IN4001	
1N869	S		A			IN4002	
1N870	S		A			IN4003	
1N871	S		A			IN4004	
1N872	S		A			IN4004	
1N873	S		A			IN4005	
1N874	S		A			IN4005	
1N875	S		A			IN4006	
1N876	S		A			IN4006	
1N877	S		A			IN4007	
1N878	S		A			IN4007	

TYPE	1	2	3	EUROPEAN		AMERICAN	
1N879	S		A			IN4001	
1N880	S		A			IN4002	
1N881	S		A			IN4003	
1N882	S		A			IN4004	
1N883	S		A			IN4004	
1N884	S		A			IN4005	
1N885	S		A			IN4005	
1N886	S		A			IN4006	
1N887	S		A			IN4006	
1N888	S		A			IN4007	
1N889	S		A			IN4007	
1N892	S		A			IN4148	
1N893	S		A			IN3070	
1N897	S		A			IN4148	
1N898	S		A			IN914B	
1N899	S		A			IN4148	
1N900	S		A			IN4148	
1N901	S		A			IN4148	
1N902	S		A			IN3070	
1N903	S		A	BAW76			
1N904	S		A	BAW76	BAY38		
1N914	S		A	BAY38			
1N914A	S		A	BAY61	BAY38		
1N914B	S		A	BAY38			
1N915	S		A	BAW62			
1N916	S		A	BAY38			
1N916A	S		A	BAY38			
1N916B	S		A	BAY38			
1N917	S		A	BA100	BAW62	IN914	
1N919	S		A			IN3070	
1N920	S		A			IN3069	
1N921	S		A	BAY39		IN662	
1N922	S		A	BAY39		IN662	
1N923	S		A			FDH444	
1N929	S		A			IN914B	
1N930	S		A			FDH666	
1N931	S		A			IN4148	
1N932	S		A			IN3070	
1N933	S		A	AAY28			
1N934	S		A			IN3064	
1N935A		Z	A	BZX55/C9V1			
1N936		Z	A	BZX55/C9V1			
1N936A		Z	A	BZX55/C9V1			
1N937		Z	A	OAZ212			
1N937A		Z	A	OAZ212			
1N938		Z	A	BZX55/C9V1			
1N941		Z	A	OAZ213			
1N941A		Z	A	OAZ213			
1N942		Z	A	OAZ213	BZX55		
1N942A		Z	A	OAZ213			
1N943		Z	A	BZX55/C9V1			
1N943A		Z	A	BZX55/C9V1			
1N944		Z	A	BZX55/C12			
1N947	S		A			IN4005	
1N948	S		A			IN662A	
1N957		Z	A	OAZ204	BZX55/C6V8		
1N957B		Z	A	BZX79/C6V8			
1N958		Z	A	BZX55/C7V5			
1N958B		Z	A	BZX79/C7V5			
1N959		Z	A	BZX55/C8V2			
1N959A		Z	A	BZX79/C8V2			
1N960		Z	A	BZX55/C9V1			
1N960A		Z	A	BZX79/C9V1			
1N961		Z	A	BZX55/C12			
1N961A		Z	A	BZX79/C10			
1N961B		Z	A	BZX79/C10			
1N962		Z	A	OAZ213	BZX55/C11		
1N96A		Z	A	BZX79/C11			
1N963		Z	A	BZY69	BZX55/C12		
1N963A		Z	A	BZX79/C12			
1N964		Z	A	BZX55/C13			
1N964A		Z	A	BZX79/C13			
1N964A		Z	A	BZX79/C13			
1N964B		Z	A	BZX79/C13			
1N865A		Z	A	BZX79/C15			

TYPE	1	2	3	EUROPEAN		AMERICAN	
1N965B		Z	A	BZY85/D15/C15			
1N966A		Z	A	BZX79/C16			
1N966B		Z	A	BZX55/C16			
1N967		Z	A	BZX55/D18	BZY85/D18		
1N967A		Z	A	BZX79/C18			
1N968A		Z	A	BZX79/C20			
1N968B		Z	A	BZX55/C20			
1N969A		Z	A	BZX79/C22			
1N969B		Z	A	BZX55/C22			
1N970		Z	A	BZX55/C24			
1N970A		Z	A	BZX79/C24			
1N971		Z	A	BZX55/C27			
1N971A		Z	A	BZX79/C27			
1N971B		Z	A	BZX79/C27			
1N972		Z	A	BZX55/C30			
1N972A		Z	A	BZX79/C30			
1N973		Z	A	BZX55/C33			
1N973B		Z	A	BZX79/C33			
1N974		Z	A	BZX55/C36			
1N974B		Z	A	BZX79/C36			
1N975B		Z	A	BZX79/C39			
1N976B		Z	A	BZX79/C43			
1N977B		Z	A	BZX79/C47			
1N978B		Z	A	BZX79/C51			
1N979B		Z	A	BZX79/C56			
1N983A		Z	A	BZX79/C82			
1N984A		Z	A	BZX79/C84			
1N985A		Z	A	BZX79/C100			
1N968A		Z	A	BZX79/C110			
1N987A		Z	A	BZX79/C120			
1N988A		Z	A	BZX79/C130			
1N989A		Z	A	BZX79/C150			
1N990A		Z	A	BZX79/C160			
1N991A		Z	A	BZX79/C180			
1N997	S		A			IN914	
1N998	S		A			FD444	
1N999	S		A			IN914	
1N1008	S		A			IN4004	
1N1028	S		A			IN4001	
1N1029	S		A			IN4002	
1N1030	S		A			IN4003	
1N1031	S		A			IN4003	
1N1032	S		A			IN4004	
1N1033	S		A			IN4004	
1N1052	S		A			IN4001	
1N1053	S		A			IN4002	
1N1054	S		A			IN4003	
1N1055	S		A			IN4003	
1N1056	S		A			IN4004	
1N1057	S		A			IN4004	
1N1081	S		A			IN4002	
1N1082	S		A			IN4003	
1N1083	S		A			IN4004	
1N1084	S		A	BY114		IN4004	
1N1092	S		A	BYZ12			
1N1095	S		A	BY127	BY100	IN4005	
1N1096	S		A	BY127	BY100	IN4005	
1N1100	S		A			IN4002	
1N1101	S		A			IN4003	
1N1102	S		A			IN4004	
1N1103	S		A	BY127		IN4004	
1N1104	S		A			IN4005	
1N1105	S		A			IN4005	
1N1115	S		A	BY118	SS1CO810	MR1121	
1N1116	S		A	BY118		MR1122	
1N1117	S		A	BYZ12		MR1123	
1N1118	S		A	BYZ12	SSiCO840	MR1124	
1N1119	S		A	BYZ11		MR1125	
1N1120	S		A	BYZ11		MR1126	
1N1124	S		A	SSiC1220			
1N1124A	S		A			IN1124	
1N1125A	S		A			IN1125	
1N1126A	S		A			IN1126	
1N1127A	S	.	A			IN1126	
1N1128A	S		A			IN1126	

TYPE	1	2	3	EUROPEAN		AMERICAN	
1N1169	S		A	BY127	BY100	IN4004	
1N1169A	S		A			IN4004	
1N1191A	S		A	BY118			
1N1192A	S		A	BY118			
1N1193A	S		A	BY118			
1N1194A	S		A	BYZ13			
1N1195A	S		A	BYX13/600			
1N1196A	S		A	BYX13/800			
1N1197A	S		A	BYX13/1000			
1N1198A	S		A	BYX13/1200			
1N1199A	S		A			IN1199	
1N1200A	S		A			IN1200	
1N1201A	S		A			IN1201A	
1N1202A	S		A			IN1202	
1N1203A	S		A			IN1203	
1N1204A	S		A			IN1204	
1N1205A	S		A			IN1205	
1N1206A	S		A	BYY67		IN1206	
1N1217	S		A			IN4001	
1N1217A	S		A			IN4001	
1N1218	S		A			IN4002	
1N1218A	S		A			IN4002	
1N1219	S		A			IN4003	
1N1219A	S		A			IN4003A	
1N1220	S		A			IN4003	
1N1220A	S		A			IN4003	
1N1221	S		A			IN4004	
1N1221A	S		A			IN4004	
1N1222	S		A			IN4004	
1N1222A	S		A			IN4004	
1N1223	S		A			IN4005	
1N1223A	S		A			IN4005	
1N1224	S		A			IN4005	
1N1224A	S		A			IN4005	
1N1225	S		A			IN4006	
1N1225A	S		A			IN4006	
1N1226	S		A			IN4006	
1N1226A	S		A			IN4006	
1N1227A	S		A			MR1120	
1N1228A	S		A			MR1121	
1N1229A	S		A			MR1122	
1N1230A	S		A			MR1122	
1N1231A	S		A			MR1123	
1N1232A	S		A			MR1124	
1N1233A	S		A			MR1125	
1N1234A	S		A			MR1126	
1N1251	S		A			IN4001	
1N1252	S		A			IN4002	
1N1253	S		A			IN4003	
1N1254	S		A			IN4004	
1N1255	S		A			IN4004	
1N1255A	S		A			IN4004	
1N1256	S		A			IN4005	
1N1257	S		A			IN4005	
1N1258	S		A			IN4006	
1N1259	S		A	BY127		IN4006	
1N1259	S		A			IN4006	
1N1260	S		A			IN4007	
1N1261	S		A			IN4007	
1N1301	S		A			IN1183	
1N1302	S		A			IN1184	
1N1304	S		A			IN1186	
1N1306	S		A			IN1187	
1N1314			Z	BZY83/C11			
1N1315			Z	BZY83/C12	BZY83/C13V5		
1N1316			Z · A	BZY83/C15	BZY83/C16V5		
1N1317			Z	BZY83/C18	BZY83/C20		
1N1341A	S		A			MR1120	
1N1342	S		A	BYZ13			
1N1342A	S		A			MR1121	
1N1343A	S		A			MR1122	
1N1344A	S		A			MR1122	
1N1345A	S		A			MR1123	
1N1346A	S		A			MR1124	
1N1347A	S		A			MR1125	

TYPE	1	2	3	EUROPEAN		AMERICAN	
1N1348	S		A	BYY67			
1N1348A	S		A			MR1126	
1N1351		Z	A			IN2974A	
1N1351A		Z	A			IN2974B	
1N1352		Z	A			IN2975A	
1N1352A		Z	A			IN2975B	
1N1353		Z	A			IN2976A	
1N1353A		Z	A			IN2976B	
1N1354		Z	A			IN2977A	
1N1354A		Z	A			IN2977B	
1N1355		Z	A			IN2979A	
1N1355A		Z	A			IN2979B	
1N1356		Z	A			IN2980A	
1N1356A		Z	A			IN2980B	
1N1357		Z	A			IN2982A	
1N1357A		Z	A			IN2982B	
1N1358		Z	A			IN2984A	
1N1358A		Z	A			IN2984B	
1N1359		Z	A			IN2985A	
1N1359A		Z	A			IN2985B	
1N1360		Z	A			IN2986A	
1N1360A		Z	A			IN2986B	
1N1361		Z	A			IN2988A	
1N1361A		Z	A			IN2988B	
1N1362		Z	A			IN2989A	
1N1362A		Z	A			IN2989B	
1N1363		Z	A			IN2990A	
1N1363A		Z	A			IN2990B	
1N1364		Z	A			IN2991A	
1N1364A		Z	A			IN2991B	
1N1365		Z	A			IN2992A	
1N1365A		Z	A			IN2992B	
1N1366		Z	A			IN2993A	
1N1366A		Z	A			IN2993B	
1N1367		Z	A			IN2995A	
1N1367A		Z	A			IN2995B	
1N1368		Z	A			IN2997A	
1N1368A		Z	A			IN2997B	
1N1369		Z	A			IN2999A	
1N1369A		Z	A			IN2999B	
1N1370		Z	A			IN3000A	
1N1370A		Z	A			IN3000B	
1N1371		Z	A			IN3001A	
1N1371A		Z	A			IN3001B	
1N1372		Z	A			IN3002A	
1N1372A		Z	A			IN3002B	
1N1373		Z	A			IN3003A	
1N1373A		Z	A			IN3003B	
1N1374		Z	A			IN3004A	
1N1374A		Z	A			IN3004B	
1N1375		Z	A			IN3005A	
1N1375A		Z	A			IN3005B	
1N1396	S		A			MR1810SB	
1N1397	S		A			MR1811SB	
1N1398	S		A			MR1812SB	
1N1399	S		A			MR1813SB	
1N1400	S		A			MR1815SB	
1N1401	S		A			MR1817SB	
1N1402	S		A			MR1818SB	
1N1403	S		A			MR1819SB	
1N1406	S		A			IN4005	
1N1467	S		A			IN4006	
1N1408	S		A			IN4007	
1N1409	S		A			MR991A	
1N1410	S		A			MR991A	
1N1411	S		A			MR992A	
1N1412	S		A			MR992A	
1N1413	S		A			MR993A	
1N1416		Z	A			IN2972B	
1N1417		Z	A			IN2976B	
1N1418		Z	A			IN2979B	
1N1491		Z	A			IN2982B	
1N1420		Z	A			IN2985	
1N1421		Z	A			IN2988B	
1N1422		Z	A			IN3001B	

TYPE	1	2	3	EUROPEAN		AMERICAN	
1N1423		Z	A			IN3005B	
1N1424		Z	A			IN3011B	
1N1425		Z	A			IN4738A	
1N1426		Z	A			IN4732A	
1N1427		Z	A			IN4744A	
1N1428		Z	A			IN4746A	
1N1429		Z	A			IN4848A	
1N1430		Z	A			IN4750A	
1N1431		Z	A			IN4760A	
1N1432		Z	A			IN4764A	
1N1433		Z	A			IM150ZS5	
1N1434	S		A			IN1183	
1N1435	S		A			IN1184	
1N1436	S		A			IN1186	
1N1437	S		A			IN1188	
1N1438	S		A			IN1190	
1N1440	S		A			IN4003	
1N1441	S		A			IN4004	
1N1442	S		A			IN4004	
1N1443	S		A			IN4007	
1N1444	S		A			MR1130	
1N1148	S		A	SSiCO820			
1N1466	S		A			MR1221FB	
1N1467	S		A			MR1223FB	
1N1468	S		A			MR1225	
1N1469	S		A			MR1227	
1N1478	S		A			MR1241	
1N1479	S		A			MR1243	
1N1480	S		A			MR1245	
1N1481	S		A			MR1247	
1N1482		Z	A			IN3995A	
1N1483		Z	A			IN3998A	
1N1484		Z	A			IN4732A	
1N1485		Z	A			IN4735A	
1N1486	S		A	BY127	BY100	IN4005	
1N1487	S		A			IN4002	
1N1488	S		A			IN4003	
1N1489	S		A			IN4004	
1N1490	S		A			IN4004	
1N1491	S		A			IN4005	
1N1492	S		A			IN4005	
1N1507		Z	A			IN4730	
1N1507A		Z	A			IN4730A	
1N1508		Z	A			IN4732	
1N1508A		Z	A			IN4732A	
1N1509		Z	A			IN4734	
1N1509A		Z	A			IN4734A	
1N1510		Z	A			IN4736	
1N1510A		Z	A			IN4736A	
1N1511		Z	A			IN4738	
1N1511A		Z	A			IN4738A	
1N1512		Z	A			IN4740	
1N1512A		Z	A			IN4740A	
1N1513		Z	A			IN4742	
1N1513A		Z	A			IN4742A	
1N1514		Z	A			IN4744	
1N1514A		Z	A			IN4744A	
1N1515		Z	A			IN4746	
1N1515A		Z	A			IN4746A	
1N1516		Z	A			IN4748	
1N1516A		Z	A			IN4748	
1N1517		Z	A			IN4750	
1N1517A		Z	A			IN4750A	
1N1518		Z	A			IN4730	
1N1518A		Z	A			IN4730A	
1N1519		Z	A			IN4732	
1N1519A		Z	A			IN4732	
1N1520		Z	A			IN4734	
1N1520A		Z	A			IN4734A	
1N1521		Z	A			IN4736	
1N1521A		Z	A			IN4736A	
1N1522		Z	A			IN4738	
1N1522A		Z	A			IN4738A	
1N1523		Z	A			IN4740	
1N1523A		Z	A			IN4740A	

TYPE	1	2	3	EUROPEAN		AMERICAN	
1N1524		Z	A			IN4742	
1N1524A		Z	A			IN4742A	
1N1525		Z	A			IN4744	
1N1525A		Z	A			IN4744A	
1N1526		Z	A			IN4746	
1N1526A		Z	A			IN4746A	
1N1527		Z	A			IN4748	
1N1527A		Z	A			IN4748A	
1N1528		Z	A			IN4750	
1N1528A		Z	A			IN4750A	
1N1530		Z	A			IN3156	
1N1530A		Z	A			IN3157	
1N1537	S		A			MR1120	
1N1538	S		A			MR1121	
1N1539	S		A			MR1122	
1N1540	S		A			MR1122	
1N1541	S		A			MR1123	
1N1542	S		A			MR1124	
1N1543	S		A			MR1125	
1N1544	S		A			MR1126	
1N1551	S		A			MR1121	
1N1552	S		A			MR1122	
1N1553	S		A			MR1123	
1N1554	S		A			MR1124	
1N1555	S		A			MR1125	
1N1556	S		A			IN4002	
1N1557	S		A			IN4003	
1N1558	S		A			IN4004	
1N1559	S		A			IN4004	
1N1560	S		A			IN4005	
1N1581	S		A	BYY22		MR1120	
1N1582	S		A	BYY22		MR1121	
1N1583	S		A	BYY22		MR122	
1N1584	S		A	BYZ12		MR1123	
1N1585	S		A	BYZ12		MR1124	
1N1586	S		A	BYZ11		MR1125	
1N1587	S		A	BYZ11		MR1126	
1N1588		Z	A			IN3939	
1N1588A		Z	A			IN3993A	
1N1589		Z	A			IN3995	
1N1589A		Z	A			IN3995A	
1N1590		Z	A			IN3997	
1N1590A		Z	A			IN3997A	
1N1591		Z	A			IN2970RA	
1N1591A		Z	A			IN2970RB	
1N1592		Z	A			IN2972RA	
1N1592A		Z	A			IN2972RB	
1N1593		Z	A			IN2974RA	
1N1593A		Z	A			IN2974RB	
1N1594		Z	A			IN2976RA	
1N1594A		Z	A			IN2976RB	
1N1595		Z	A			IN2979RA	
1N1595A		Z	A			IN2979RB	
1N1596		Z	A			IN2982RA	
1N1596A		Z	A			IN2982RB	
1N1597		Z	A			IN2985RA	
1N1597A		Z	A			IN2985RB	
1N1598		Z	A			IN2988RA	
1N1598A		Z	A			IN2988RB	
1N1599		Z	A			IN3993	
1N1599A		Z	A			IN3993A	
1N1600		Z	A			IN3995	
1N1600A		Z	A			IN3995A	
1N1601		Z	A			IN3997	
1N1601A		Z	A			IN3997A	
1N1602		Z	A			IN2970RA	
1N1602A		Z	A			IN2970RB	
1N1603		Z	A			IN2972RA	
1N1603A		Z	A			IN2927RB	
1N1604		Z	A			IN2974RA	
1N1604A		Z	A			IN2974RB	
1N1605		Z	A			IN2976RA	
1N1605A		Z	A			IN2976RB	
1N1606			A			IN2979RA	
1N1606A		Z	A			IN2979RB	

TYPE	1	2	3	EUROPEAN		AMERICAN	
1N1607		Z	A			IN2982RA	
1N1607A		Z	A			IN2982RB	
1N1608		Z	A			IN2985RA	
1N1608A		Z	A			IN2985RB	
1N1609		Z	A			IN2988RA	
1N1609A		Z	A			IN2988RB	
1N1612	S		A	BYY22		MR1120	
1N1613	S		A	BYY22		MR1121	
1N1614	S		A	BYY22		MR1122	
1N1615	S		A	BYY24		MR1124	
1N1616	S		A			MR1126	
1N1617	S		A			IN4002	
1N1618	S		A			IN4003	
1N1619	S		A			IN4004	
1N1620	S		A			IN4004	
1N1621	S		A			MR1121	
1N1622	S		A			MR1122	
1N1623	S		A			MR1123	
1N1624	S		A			MR1124	
1N1644	S		A			IN4001	
1N1645	S		A			IN4002	
1N1646	S		A			IN4003	
1N1647	S		A			IN4003	
1N1648	S		A			IN4004	
1N1649	S		A			IN4004	
1N1650	S		A			IN4004	
1N1651	S		A			IN4004	
1N1652	S		A			IN4005	
1N1653	S		A			IN4005	
1N1660	S		A			MR1220SB	
1N1661	S		A			MR1221SB	
1N1662	S		A			MR1222SB	
1N1663	S		A			MR1223SB	
1N1664	S		A			MR1225SB	
1N1665	S		A			MR1227SB	
1N1666	S		A			MR1228SB	
1N1692	S		A			IN4002	
1N1693	S		A			IN4003	
1N1694	S		A			IN4004	
1N1695	S		A	BY127	BY114	IN4004	
1N1696	S		A			IN4005	
1N1697	S		A			IN4005	
1N1701	S		A			IN4001	
1N1702	S		A			IN4002	
1N1703	S		A			IN4003	
1N1704	S		A			IN4004	
1N1705	S		A			IN4004	
1N1706	S		A			IN4005	
1N1707	S		A			IN4001	
1N1708	S		A			IN4002	
1N1709	S		A			IN4003	
1N1710	S		A			IN4004	
1N1711	S		A			IN4004	
1N1712	S		A			IN4005	
1N1730	S		A			IN4007	
1N1731	S		A			MR991A	
1N1732	S		A			MR992A	
1N1733	S		A			MR994A	
1N1734	S		A			MR996A	
1N1735	S		A			IN821	
1N1736	S		A			IN941A	
1N1736A	S		A			IN942A	
1N1737	S		A			IN4060	
1N1737A	S		A			IN4060A	
1N1738	S		A			IN4062	
1N1738A	S		A			IN4062A	
1N1739	S		A			IN4064	
1N1739A	S		A			IN4064A	
1N1740	S		A			IN4066	
1N1740A	S		A			IN4066A	
1N1741	S		A			IN4067	
1N1741A	S		A			IN4067A	
1N1742	S		A			IN4069	
1N1742A	S		A			IN4069A	
1N1743		Z	A			IN2974A	

TYPE	1	2	3	EUROPEAN		AMERICAN	
1N1744		Z	A			IN4740	
1N1763	S		A	BY127	BY114	IN4004	
1N1764	S		A			IN4005	
1N1765		Z	A			IN4734	
1N1765A		Z	A			IN4734A	
1N1766		Z	A			IN4735	
1N1766A		Z	A			IN4735A	
1N1767		Z	A			IN4736	
1N1767A		Z	A			IN4736A	
1N1768		Z	A			IN4737	
1N1768A		Z	A			IN4737A	
1N1769		Z	A			IN4738	
1N1769A		Z	A			IN4738A	
1N1770		Z	A			IN4739	
1N1770A		Z	A			IN4739A	
1N1771		Z	A			IN4740	
1N1771A		Z	A			IN4740A	
1N1772		Z	A			IN4741	
1N1772A		Z	A			IN4741A	
1N1773		Z	A			IN4742	
1N1773A		Z	A			IN4742A	
1N1774		Z	A			IN4743	
1N1774A		Z	A			IN4743A	
1N1775		Z	A			IN4744	
1N1775A		Z	A			IN4744A	
1N1776		Z	A			IN4745A	
1N1776A		Z	A			IN4745	
1N1777		Z	A			IN4746	
1N1777A		Z	A			IN4746A	
1N1778		Z	A			IN4747	
1N1778A		Z	A			IN4747A	
1N1779		Z	A			IN4748	
1N1779A		Z	A			IN4748A	
1N1780A		Z	A			IN4749	
1N1780A		Z	A			IN4749A	
1N1781		Z	A			IN4750	
1N1781A		Z	A			IN4750A	
1N1782		Z	A			IN4751	
1N1782A		Z	A			IN4751A	
1N1783		Z	A			IN4752	
1N1783A		Z	A			IN4752A	
1N1784		Z	A			IN4753	
1N1784A		Z	A			IN4753A	
1N1785		Z	A			IN4754	
1N1785A		Z	A			IN4754A	
1N1786		Z	A			IN4755	
1N1786A		Z	A			IN4755A	
1N1787		Z	A			IN4756	
1N1787A		Z	A			IN4756A	
1N1788		Z	A			IN4757	
1N1788A		Z	A			IN4757A	
1N1789		Z	A			IN4758	
1N1789A		Z	A			IN4758A	
1N1790		Z	A			IN4759	
1N1790A		Z	A			IN4759A	
1N1791		Z	A			IN4760	
1N1791A		Z	A			IN4760A	
1N1792		Z	A			IN4761	
1N1792A		Z	A			IN4761A	
1N1793		Z	A			IN4762	
1N1793A		Z	A			IN4762A	
1N1794		Z	A			IN4763	
1N1794A		Z	A			IN4763A	
1N1795		Z	A			IN4764	
1N1795A		Z	A			IN4764A	
1N1796		Z	A			IM110ZS10	
1N1796A		Z	A			IM110SZ5	
1N1797		Z	A			IM120ZS10	
1N1797A		Z	A			IM120ZS5	
1N1798		Z	A			IM130ZS10	
1N1798A		Z	A			IM130ZS5	
1N1799		Z	A			IM150ZS10	
1N1799A		Z	A			IM150ZS5	
1N1800		Z	A			IM160ZS10	
1N1800A		Z	A			IM160ZS5	

TYPE	1	2	3	EUROPEAN	AMERICAN
1N1801		Z	A		IM180ZS10
1N1801A		Z	A		IM180ZS5
1N1802		Z	A		IM200ZS10
1N1802A		Z	A		IM200ZS5
1N1803		Z	A		IN3997R
1N1803A		Z	A		IN3997RA
1N1804		Z	A		IN3998R
1N1804A		Z	A		IN3998RA
1N1805		Z	A		IN2970A
1N1805A		Z	A		IN2970B
1N1806		Z	A		IN2971A
1N1806A		Z	A		IN2971B
1N1807		Z	A		IN2972A
1N1807A		Z	A		IN2972B
1N1808		Z	A		IN973A
1N1808A		Z	A		IN2973B
1N1809		Z	A		IN3007A
1N1809A		Z	A		IN3007B
1N1810		Z	A		IN3008A
1N1810A		Z	A		IN3008B
1N1811		Z	A		IN3009A
1N1811A1		Z	A		IN3009B
1N1812		Z	A		IN3011A
1N1812A		Z	A		IN3011B
1N1813		Z	A		IN3012A
1N1813A		Z	A		IN3012B
1N1814		Z	A		IN3014A
1N1814A		Z	A		IN3014B
1N1815		Z	A		IN3015A
1N1815A		Z	A		IN3015B
1N1816		Z	A		IN2977A
1N1816A		Z	A	BZY93C13	IN2977B
1N1817		Z	A		IN2979A
1N1817A		Z	A	BZY93C15	IN2979B
1N1818		Z	A		IN2980A
1N1818A		Z	A	BZY93C16	IN2980B
1N1819		Z	A		IN2982A
1N1819A		Z	A	BZY93C18	IN2982B
1N1820		Z	A		IN2984A
1N1820A		Z	A	BZY93C20	IN2984B
1N1821		Z	A		IN2985A
1N1821A		Z	A	BZY93C22	IN2985B
1N1822		Z	A		IN2986A
1N1822A		Z	A	BZY93C24	IN2986B
1N1823		Z	A		IN2988A
1N1823A		Z	A		IN2988B
1N1824		Z	A		IN2989A
1N1824A		Z	A	BZY93C30	IN2989B
1N1825					IN2990A
1N1825A		Z	A	BZY93C33	IN2900B
1N1826		Z	A		IN2991A
1N1826A		Z	A	BZY93C36	IN2991B
1N1827		Z	A		IN2992A
1N1827A		Z	A	BZY93C39	IN2992B
1N1828		Z	A		IN2993A
1N1828A		Z	A	BZY93C43	IN2993A
1N1829		Z	A		IN2995A
1N1829A		Z	A	BZY93C47	IN2995B
1N1830		Z	A	BZY93C51	IN2997A
1N1830A		Z	A		IN2997B
1N1831		Z	A		IN2999A
1N1831A		Z	A	BZY93C56	IN2999B
1N1832		Z	A		IN3000A
1N1832A		Z	A	BZY93C62	IN3000B
1N1833		Z	A		IN3001A
1N1833A		Z	A	BZY93C68	IN3001B
1N1834		Z	A		IN3002A
1N1834A		Z	A	BZY93C75	IN3002B
1N1835		Z	A		IN3003A
1N1835A		Z	A	BZY93C83	IN3003B
1N1836		Z	A		IN3004A
1N1836A		Z	A	BZY93C91	IN3004B
1N1875		Z	A		IN4738
1N1876		Z	A		IN4740
1N1877		Z	A		IN4742

TYPE	1	2	3	EUROPEAN	AMERICAN	
1N1878		Z	A		IN4744	
1N1879		Z	A		IN4746	
1N1880		Z	A		IN4748	
1N1881		Z	A		IN4750	
1N1882		Z	A		IN4752	
1N1883		Z	A		IN4754	
1N1884		Z	A		IN4756	
1N1885		Z	A		IN4758	
1N1886		Z	A		IN4760	
1N1887		Z	A		IN4762	
1N1888		Z	A		IN4764	
1N1889		Z	A		IM120ZS10	
1N1890		Z	A		IM150ZS10	
1N1891		Z	A		IN2972A	
1N1892		Z	A		IN2974A	
1N1893		Z	A		IN2976A	
1N1894		Z	A		IN2979A	
1N1895		Z	A		IN2982A	
1N1896		Z	A		IN2985A	
1N1897		Z	A		IN2988A	
1N1898		Z	A		IN2990A	
1N1899		Z	A		IN2992A	
1N1900		Z	A		IN2995A	
1N1901		Z	A		IN2999A	
1N1902		Z	A		IN3001A	
1N1903		Z	A		IN3003A	
1N1904		Z	A		IN3005A	
1N1905		Z	A		IN3008A	
1N1906		Z	A		IN3011A	
1N1907	S		A		IN4001	
1N1908	S		A		IN4002	
1N1909	S		A		IN4003	
1N1911	S		A		IN4004	
1N1912	S		A		IN4005	
1N1913	S		A		IN4005	
1N1914	S		A		IN4006	
1N1915	S		A		IN4006	
1N1916	S		A		IN4007	
1N1927		Z	A		IN748	IN5228A
1N1928		Z	A		IN750	IN5230A
1N1929		Z	A	BZY85/D5V6	IN752	IN5232A
1N1930		Z	A		IN754	IN5235
1N1931		Z	A		IN756	IN5237A
1N1932		Z	A		IN758	IN5240A
1N1933		Z	A		IN759	IN5242A
1N1934		Z	A		IN965A	IN5245A
1N1935		Z	A		IN967A	IN5248A
1N1936		Z	A		IN969A	IN5251A
1N1937		Z	A		IN971A	IN5254A
1N1938		Z	A		IN973A	IN5257A
1N1939		Z	A		IN5259A	
1N1940		Z	A		IN5261A	
1N1941		Z	A		IN5263A	
1N1942		Z	A		IN5266A	
1N1943		Z	A		IN5268A	
1N1944		Z	A		IN5271A	
1N1945		Z	A		IN5273A	
1N1946		Z	A		IN5276A	
1N1947		Z	A		IN5279A	
1N1954		Z	A		IN748	IN5228A
1N1955		Z	A		IN750	IN5230A
1N1956		Z	A		IN752	IN5232A
1N1956		Z	A		IN754	IN5232A
1N1957		Z	A		IN754	IN5235A
1N1558		Z	A		IN657	IN5237A
1N1959		Z	A		IN758	IN5240A
1N1960		Z	A		IN759	IN5242A
1N1961		Z	A		IN965A	IN5245A
1N1962		Z	A		IN967A	IN5248A
1N1963		Z	A		IN969A	IN5251A
1N1964		Z	A		IN971A	IN5254A
1N1965		Z	A		IN973A	IN5257A
1N1966		Z	A		IN5259A	
1N1967		Z	A		IN5261A	
1N1968		Z	A		IN5263A	
1N1969		Z	A		IN5266A	

TYPE	1	2	3	EUROPEAN	AMERICAN	
1N1970		Z	A		IN5268A	
1N1971		Z	A		IN5271A	
1N1972		Z	A		IN5273A	
1N1973		Z	A		IN5276A	
1N1974		Z	A		IN5279A	
1N1981		Z	A		IN748	IN5228A
1N1982		Z	A		IN750	IN5230A
1N1983		Z	A	BZY85/D5V6	IN752	IN5332A
1N1984		Z	A		IN754	IN5235A
1N1985		Z	A		IN756	IN5237A
1N1986		Z	A		IN758	IN5240A
1N1987		Z	A		IN759	IN5242A
1N1988		Z	A		IN965A	IN5245A
1N1989		Z	A		IN967A	IN5248A
1N1990		Z	A		IN969A	IN5251A
1N1991		Z	A		IN971A	IN5254A
1N1992		Z	A		IN973A	IN5257A
1N1993		Z	A		IN5259A	
1N1994		Z	A		IN5261A	
1N1995		Z	A		IN5263A	
1N1996		Z	A		IN5266A	
1N1997		Z	A		IN5268A	
1N1998		Z	A		IN5271A	
1N1999		Z	A		IN5273A	
1N2000		Z	A		IN5276A	
1N2001		Z	A		IN5279A	
1N2008		Z	A		IN3005A	
1N2009		Z	A		IN3007A	
1N2010		Z	A		IN3008A	
1N2011		Z	A		IN3009A	
1N2012		Z	A		IN3011	
1N2013	S		A		IN4001	
1N2014	S		A		IN4002	
1N2015	S		A		IN4003	
1N2016	S		A		IN4003	
1N2017	S		A		IN4004	
1N2018	S		A		IN4004	
1N2019	S		A		IN4004	
1N2020	S		A		IN4004	
1N2021	S		A		IN1185	
1N2022	S		A		IN1187	
1N2023	S		A		IN1187	
1N2024	S		A		IN1188	
1N2025	S		A		IN1188	
1N2026	S		A		MR1120	
1N2027	S		A		MR1122	
1N2028	S		A		MR1123	
1N2029	S		A		MR1124	
1N2030	S		A		MR1125	
1N2031	S		A		MR1126	
1N2032		Z	A		IN4732	
1N2033		Z	A		IN4734	
1N2034		Z	A		IN4736	
1N2035		Z	A		IN4739	
1N2036		Z	A		IN4790	
1N2037		Z	A		IN4743	
1N2038		Z	A		IN4745	
1N2039		Z	A		IN4747	
1N2040		Z	A		IN4749	
1N2041		Z	A		IN3995	
1N2042		Z	A		IN3997	
1N2043		Z	A		IN2970RA	
1N2044		Z	A		IN2973RA	
1N2045		Z	A		IN2974RB	
1N2046		Z	A		IN2977RA	
1N2047		Z	A		IN2980RA	
1N2048		Z	A		IN2983RA	
1N2049		Z	A		IN2986RA	
1N2054	S		A		MR1230SB	
1N2055	S		A		MR1231SB	
1N2056	S		A		MR1232SB	
1N2057	S		A		MR12335SB	
1N2058	S		A		MR1234SB	
1N2059	S		A		MR1235SB	
1N2060	S		A		MR1236SB	

TYPE	1	2	3	EUROPEAN		AMERICAN	
1N2061	S		A			MR1237SB	
1N2062	S		A			MR1238SB	
1N2063	S		A			MR1238SB	
1N2064	S		A			MR1239SB	
1N2069		Z	A	BY114	SSiBO720	IN4003	
				BXY6/600			
1N2069A	S		A	BY127		IN4003	
1N2070	S		A	BY114	SSiBO740	IN4004	
				BY127			
1N2070A	S		A	BY127		IN4004	
1N2071	S		A	BY127	BY100	IN4005	
				SSiBO740			
1N2071A	S		A			IN4005	
1N2072	S		A			IN4001	
1N2073	S		A			IN4002	
1N2074	S		A			IN4003	
1N2075	S		A			IN4003	
1N2076	S		A			IN4004	
1N2077	S		A			IN4004	
1N2078	S		A			IN4004	
1N2079	S		A			IN4005	
1N2080	S		A			IN4001	
1N2081	S		A			IN4002	
1N2082	S		A			IN4003	
1N2083	S		A			IN4004	
1N2084	S		A			IN4004	
1N2085	S		A			IN4005	
1N2086	S		A			IN4004	
1N2088	S		A			IN4005	
1N2089	S		A			IN4005	
1N2090	S		A			IN4001	
1N2091	S		A			IN4002	
1N2092	S		A			IN4003	
1N2093	S		A			IN4004	
1N2094	S		A			IN4004	
1N2095	S		A			IN4005	
1N2096	S		A			IN4005	
1N2103	S		A			IN4001	
1N2104	S		A			IN4002	
1N2105	S		A			IN4003	
1N2106	S		A			IN4004	
1N2107	S		A			IN4004	
1N2108	S		A			IN4005	
1N2110	S		A			IN4002	
1N2111	S		A			IN4003	
1N2112	S		A			IN4004	
1N2113	S		A			IN4004	
1N2114	S		A			IN4005	
1N2115	S		A			IN4004	
1N2116	S		A			IN4004	
1N2117	S		A			IN4006	
1N2160	S		A	BYY77			
1N2482	S		A			IN4003	
1N2483	S		A			IN4004	
1N2484	S		A			IN4005	
1N2485	S		A			IN4003	
1N2486	S		A			IN4004	
1N2487	S		A			IN4004	
1N2488	S		A			IN4005	
1N2489	S		A			IN4005	
1N2505	S		A	BY127			
1N2609	S		A			IN4001	
1N2610	S		A			IN4002	
1N2611	S		A			IN4003	
1N2612	S		A			IN4004	
1N2613	S		A	BY127	BY114	IN4004	
1N2614	S		A			IN4005	
1N2615	S		A	BY127		IN4005	
1N2616	S		A	BY127	SSiBO780	FCT1125	
1N22765	S		A			FCT1125	
1N2765A	S		A			FCT1122	
1N2773	S		A	BY127			
1N2808A		Z	A	BZY91C10			
1N2809A		Z	A	BZY91C11-75			
1N2867	S		A	BYX10			
1N2970B		Z	A	BZY93C6V8			
1N2971A		Z	A	BZY93C7V5			

TYPE	1	2	3	EUROPEAN		AMERICAN	
1N2971B		Z	A	BZY93C7V1			
1N2972A		Z	A	BZY93C8-2-75			
1N2972B		Z	A	BZY93C8V2			
1N2973B		Z	A	BZY93C9.1			
1N2974B		Z	A	BZY93C10			
1N2975B		Z	A	BZY93C11			
1N2976		Z	A	BZY93C12			
1N2977B		Z	A	BZY93C13			
1N2979B		Z	A	BZY93C15			
1N2980B		Z	A	BZY93C16			
1N2984		Z	A	BZY93C20			
1N2985B		Z	A	BZY93C22			
1N2986B		Z	A	BZY93C24			
1N2988B		Z	A	BZY93C27			
1N2989B		Z	A	BZY93C30			
1N2990B		Z	A	BZY93C33			
1N2991B		Z	A	BZY93C36			
1N2992B		Z	A	BZY93C39			
1N2993B		Z	A	BZY93C43			
1N2995B		Z	A	BZY93C47			
1N2997B		Z	A	BZY93C51			
1N2999B		Z	A	BZY93C56			
1N3000B		Z	A	BZY93C62			
1N3001B		Z	A	BZY93C68			
1N3002B		Z	A	BZY93C73			
1N3016B		Z	A	BZX61C6V8			
1N3017B		Z	A	BZX61C7V5			
1N3018B		Z	A	BZX61C8V2			
1N3019B		Z	A	BZX61C9V1			
1N3020B		Z	A	BZX61C10			
1N3021B		Z	A	BZX61C11			
1N3022		Z	A	BZZ22			
1N3022B		Z	A	BZX61C12			
1N3023P		Z	A	BZX61C13			
1N3024B		Z	A	BZX61C15			
1N3025B		Z	A	BZX61C16			
1N3026B		Z	A	BZX61C18			
1N3027A		Z	A	BZZ27			
1N3027B		Z	A	BZX61C20			
1N3028		Z	A	BZZ28			
1N3028B		Z	A	BZX61C22			
1N3029B		Z	A	BZX61C24			
1N3030B		Z	A	BZX61C27			
1N3031B		Z	A	BZX61C30			
1N3032B		Z	A	BZX61C33			
1N3033B		Z	A	BZX61C36			
1N3034B		Z	A	BZX61C39			
1N3035B		Z	A	BZX61C43			
1N3036B		Z	A	BZX61C47			
1N3037B		Z	A	BZX61C51			
1N3038B		Z	A	BZX61C56			
1N3039B		Z	A	BZX61C62			
1N3040B		Z	A	BZX61C68			
1N3041B		Z	A	BZX61C75			
1N3062	S		A	BAW76	BAW62		
1N3063	S		A	BAW62			
1N3064	S		A	BAW76	BAX16		
				BAY38			
1N3070	S		A	BAZ16		IN4001	
1N3073	S		A			IN4002	
1N3074	S		A			IN4003	
1N3075	S		A			IN4003	
1N3076	S		A			IN4004	
1N3077	S		A			IN4004	
1N3078	S		A			IN4004	
1N3079	S		A			IN4004	
1N3080	S		A			IN4005	
1N3081	S		A			IN4005	
1N3082	S		A			IN4003	
1N3083	S		A			IN4004	
1N3084	S		A			IN4005	
1N3147		S	A			IN662A	
1N3154		Z	A	BZX55/C8V2			
1N3155		Z	A	BZX55/C8V2			
1N3156		Z	A	BZX55/C8V2	BZX55/D8V2		

TYPE	1	2	3	EUROPEAN		AMERICAN	
1N3182	S		A	BA102			
1N3189	S		A	SSiBO620		IN4003	
1N3190	S		A			IN4004	
1N3191	S		A			IN4005	
1N3192	S		A			IN3070	
1N3193	S		A	BY127	SSiBO720	IN4003	
1N3194	S		A	BY127		IN4004	
1N3195	S		A	BY127		IN4005	
1N3196	S		A	BY127	SSiBO680		
1N3206	S		A			IN662	
1N3207	S		A			IN662A	
1N3215	S		A			IN662	
1N3221	S		A	BY127			
1N3223	S		A			IN628	
1N3242	S		A	BY127			
1N3253	S		A			IN4003	
1N3254	S		A			IN4004	
1N3255	S		A			IN4005	
1N3257	S		A			IN662A	
1N3258	S		A			IN662A	
1N3277	S		A			IN4003	
1N3278	S		A			IN4004	
1N3279	S		A			IN4005	
1N3282	S		A	BYX10			
1N3283	S		A	BYX10			
1N3291	S		A	BYX14/800			
1N3309B		Z	A	BZY91C10			
1N3310B		Z	A	BZY91C11			
1N3311B		Z	A	BZY91C12			
1N3312B		Z	A	BZY91C13			
1N3314B		Z	A	BZY91C15			
1N3315B		Z	A	BZY91C16			
1N3317B		Z	A	BZY91C18			
1N3319B		Z	A	BZY91C20			
1N3320B		Z	A	BZY91C22			
1N3321B		Z	A	BZY91C24			
1N3323B		Z	A	BZY91C27			
1N3324B		Z	A	BZY91C30			
1N3325B		Z	A	BZY91C33			
1N3326B		Z	A	BZY91C26			
1N3327B		Z	A	BZY91C39			
1N3328B		Z	A	BZY91C43			
1N3330B		Z	A	BZY91C47			
1N3332B		Z	A	BZY91C51			
1N3334B		Z	A	BZY91C56			
1N3335B		Z	A	BZY91C62			
1N3336B		Z	A	BZY91C68			
1N3337B		Z	A	BZY91C75			
1N3338B		Z	A	BZY91C82			
1N3411		Z	A			IN753	
1N3412		Z	A			IN754	
1N3413		Z	A			IN755	
1N3414		Z	A			IN756	
1N3415		Z	A			IN758	
1N3416		Z	A			IN759	
1N3417		Z	A			IN965A	
1N3418		Z	A			IN967A	
1N3419		Z	A			IN969A	
1N3420		Z	A			IN971A	
1N3421		Z	A			IN972A	
1N3422		Z	A			IN972A	
1N3471	S		A			IN482A	
1N3483	S		A	BAY38			
1N3484	S		A	AAZ15			
1N3485	S		A			IN485B	
1N3506	S		A			IN746A	
1N3507	S		A			IN747A	
1N3508	S		A			IN748A	
1N3509	S		A			IN749A	
1N3510		Z	A			IN750A	
1N3511		Z	A			IN751A	
1N3512		Z	A			IN752A	
1N3513		Z	A			IN753A	
1N3514		Z	A			IN754A	
1N3515		Z	A			IN755A	

TYPE	1	2	3	EUROPEAN		AMERICAN	
1N3516		Z	A			IN756A	
1N3517		Z	A			IN757A	
1N3518		Z	A			IN758A	
1N3519		Z	A			IN962B	
1N3520		Z	A			IN963B	
1N3521		Z	A			IN964B	
1N3522		Z	A			IN965B	
1N3523		Z	A			IN966B	
1N3524		Z	A			IN967B	
1N3525		Z	A			IN968B	
1N3526		Z	A			IN969B	
1N3527		Z	A			IN970B	
1N3528		Z	A			IN971B	
1N3529		Z	A			IN972B	
1N3530		Z	A			IN973B	
1N3544	S		A			IN4002	
1N3545	S		A			IN4003	
1N3546	S		A			IN4004	
1N3547	S		A			IN4004	
1N3548	S		A			IN4005	
1N3549	S		A			IN4005	
1N3550	S		A			IN3070	
1N3567	S		A			IN4834A	
1N3568	S		A			IN483A	
1N3592	S		A	AAZ18			
1N3593	S		A			IN4531	
1N3594	S		A			IN4531	
1N3595	S		A	BAX15			
1N3598	S		A			IN914	
1N3599	S		A			IN3070	
1N3600	S		A	BAX12			
1N3601	S		A			IN3070	
1N3604	S		A	BAY38	BAW76		
1N3605	S		A	BAY38	BAW76		
1N3607	S		A			IN4448	
1N3611	S		A			IN4003	
1N3612	S		A			IN4004	
1N3613	S		A			IN4005	
1N3625	S		A			IN486	
1N3661	S		A	SSiE1105	SSiE1205		
1N3712	S		A	TU10/1			
1N3714	S		A	TU11/1			
1N3716	S		A	TU12/1			
1N3718	S		A	TU13/1			
1N3720	S		A	TU14/1			
1N3722	S		A			IN914B	
1N3731	S		A			IN914B	
1N3748	S		A			IN4003	
1N3749	S		A			IN4004	
1N3750	S		A			IN4005	
1N3754	S		A	BA104	BY127	IN4002	
1N3755	S		A	BA105		IN4003	
1N3756	S		A			IN4004	
1N3757	S		A	SSiBO620		IN4003	
1N3758	S		A			IN4004	
1N3759	S		A			IN4005	
1N3785B			A	BZX29C6V8			
1N3786B		Z	A	BZX61C7V5			
1N3787B		Z	A	BZX61C8V2			
1N3788B		Z	A	BZX61C9V1			
1N3789B		Z	A	BZX61C10			
1N3790B		Z	A	BZX61C11-56			
1N3808B		Z	A	BZX61C62			
1N3809B		Z	A	BZX61C68			
1N3810B		Z	A	BZX95C75			
1N3872	S		A			IN662A	
1N3873	S		A			IN662A	
1N3880		Z	A	BYX50/200			
1N3881		Z	A	BYX50/200			
1N3883		Z	A	BYX50/400			
1N3890	S		A	BYX30/200			
1N3891	S		A	BYX30/200			
1N3893	S		A	BYX30/400			
1N3942	S		A	SS1C1180			
1N3952	S		A			IN3595	

TYPE	1	2	3	EUROPEAN		AMERICAN	
1N3954	S		A			FDH400	
1N3956	S		A			IN914B	
1N4000A	S		A	BZY93C7V5			
1N4001	S		A	SSiB0610	BY127		
1N4002	S		A	SSiB0610	BY127		
1N4003	S		A	SSiB0620	BY127		
1N4004	S		A	SSiB0640	BY127		
1N4005	S		A	SSiB0640	BY127		
1N4006	S		A	SSiB0680	BY127		
1N4007	S		A	SSiB0680	BY127		
1N4000	S		A	BAW75	BAY38		
1N4043	S		A			IN914B	
1N4092	S		A			IN4454	
1N4093	S		A			IN4454	
1N4095		Z	A			IN751	
1N4099		Z	A	BZY88C		IN957B	
1N4100		Z	A	BZY88C		IN958B	
1N4101		Z	A	BZY88C8V2		IN959B	
1N4102		Z	A			IN960B	
1N4103		Z	A	BZX79C9V1		IN960B	
1N4104		Z	A	BZX79C10	IN961B		
1N4105		Z	A	BZY85/C11	BZX55/C11	IN962B	
				BZX79C11			
1N4106		Z	A	BZX79C12		IN963B	
1N4107		Z	A	BZX79C13		IN964B	
1N4108		Z	A			IN965B	
1N4109		z	A	BZX79C15		IN965B	
1N4110		Z	A	BZX79C16		IN966B	
1N4111		Z	A			IN967B	
1N4112		Z	A	BZX79C18		IN967B	
1N4113		Z	A			IN968B	
1N4114		Z	A	BZX79C20		IN968B	
1N4115		Z	A	BZX79C22		IN969B	
1N4116		Z	A	BZX79C24		IN970B	
1N4117		Z	A			IN970B	
1N4118		Z	A	BZX79C27		IN971B	
1N4119		Z	A			IN971B	
1N4120		Z	A	BZX79C30		IN972B	
1N4121		Z	A			IN972B	
1N4128		Z	A	BZX79C60			
1N4132		Z	A	BZX79C82			
1N4147	S		A			IN914	
1N4148	S		A	BAY61			
1N4149	S		A			IN3604	
1N4150	S		A			IN3600	
1N4151	S		A	BAW76			
1N4152	S		A	BAW76	BAV10		
1N4153	S		A	BAV10			
1N4154	S		A	BAW75			
1N4158B		Z	A	BZX61C6V8			
1N4159B		Z	A	BZX61C7V5			
1N4160B		Z	A	BZX61C8V2			
1N4161B		Z	A	BZX61C9V1			
1N4162B		Z	A	BZX61C10			
1N4163B		Z	A	BZX61C11			
1N4164B		Z	A	BZX61C12			
1N4165B		Z	A	BZX61C13			
1N4166B		Z	A	BZX61C15			
1N4167B		Z	A	BZX61C16			
1N4168B		Z	A	BZX61C18			
1N4169B		Z	A	BZX61C20			
1N4170B		Z	A	BZX61C22			
1N4171B		Z	A	BZX61C24			
1N4172B		Z	A	BZX61C27			
1N4173B		Z	A	BZX61C30			
1N4174B		Z	A	BZX61C33			
1N4175B		Z	A	BZX61C36			
1N4176B		Z	A	BZX61C39			
1N4177B		Z	A	BZX61C43			
1N4178B		Z	A	BZX61C47			
1N4179B		Z	A	BZX61C51			
1N4180B		Z	A	BZX61C56			
1N4181B		Z	A	BZX61C62			
1N4182B		Z	A	BZX61C68			
1N4183B		Z	A	BZX61C75			

TYPE	1	2	3	EUROPEAN		AMERICAN	
1N4184B		Z	A	BZX61C82			
1N4244	S		A	BA182			
1N4245	S		A			IN4003	
1N4246	S		A			IN4004	
1N4247	S		A			IN4005	
1N4250	S		A	BY127			
1N4364	S		A			IN4002	
1N4365	S		A			IN4003	
1N4366	S		A			IN4004	
1N4367	S		A			IN4004	
1N4368	S		A			IN4005	
1N4369	S		A			IN4005	
1N4371		Z	A	BZX75C2V8			
1N4372		Z	A	BZX75C2V8			
1N4375	S		A			IN914B	
1N4376	S		A	BAX13			
1N4383	S		A	BY127			
1N4385	S		A	BY127			
1N4389	S		A			FDH666	
1N4390	S		A			FDH666	
1N4391	S		A			FDH666	
1N4392	S		A			FDH666	
1N4444	S		A			IN4148	
1N4445	S		A			IN4148	
1N4446	S		A			IN914	
1N4447	S		A			IN4446	
1N4448	S		A	BAW76			
1N4449	S		A			IN4448	
1N4450	S		A	BAW76	BAV10		
1N4451	S		A			IN914B	
1N4453	S		A			IN4448	
1N4454	S		A			IN914	
1N4531	S		A	BAY61	BAW56		
1N4532	S		A	BAW56			
1N4548	S		A				
1N4606	S		A	BAV10			
1N4607	S		A	BAV10			
1N4610	S		A	BAV10			
1N4611		Z	A	BAZ55/C6V8		IN4576A	
1N4611A		Z	A			IN4577A	
1N4611B		Z	A			IN4578A	
1N4611C		Z	A			IN4579A	
1N4612		Z	A			IN4581A	
1N4612A		Z	A			IN4582A	
1N4612B		Z	A			IN4583A	
1N4612C		Z	A			IN4584A	
1N4613		Z	A			IN4581A	
1N4613A		Z	A			IN4582A	
1N4613B		Z	A			IN4583A	
1N4613C		Z	A			IN4584A	
1N4614		Z	A			MZ4614	
1N4615		Z	A			MZ4615	
1N4616		Z	A			MZ4616	
1N4617		Z	A			MZ4617	
1N4618		Z	A			MZ4618	
1N4619		Z	A			MZ4619	
1N4620		Z	A			IN746A	MZ4620
1N4621		Z	A			IN747A	MZ4621
1N4622		Z	A			IN748A	MZ4622
1N4623		Z	A			IN749A	MZ4623
1N4624		Z	A			IN750A	MZ4624
1N4625		Z	A			IN751A	MZ4625
1N4626		Z	A			IN752A	MZ4626
1N4627		Z	A			IN753A	MZ4627
1N4726	S		A			IN4727	IN4736A
1N4727	S		A	BAV10			
1N4629		Z	A			IN4737A	
1N4630		Z	A			IN4738A	
1N4631		Z	A			IN4739A	
1N4636		Z	A			IN4744A	
1N4637		Z	A			IN4745A	
1N4638		Z	A			IN4746A	
1N4639		Z	A			IN4747A	
1N4640		Z	A			IN4748A	
1N4641		Z	A			IN4749A	

TYPE	1	2	3	EUROPEAN	AMERICAN	
1N4642		Z	A		IN4750A	
1N4643		Z	A		IN4751A	
1N4644		Z	A		IN4752A	
1N4645		Z	A		IN4753A	
1N4646		Z	A	•	IN4754A	
1N4647		Z	A		IN4755A	
1N4648		Z	A		IN4756A	
1N4649		Z	A		IN4728A	
1N4650		Z	A		IN4729A	
1N4651		Z	A		IN4730A	
1N4652		Z	A		IN4731A	
1N4653		Z	A		IN4732A	
1N4654		Z	A		IN4733A	
1N4655		Z	A		IN4734A	
1N4656		Z	A		IN4735A	
1N4657		Z	A		IN4736A	
1N4658		Z	A		IN4737A	
1N4659		Z	A		IN4738A	
1N4660		Z	A		IN4739A	
1N4661		Z	A		IN4740A	
1N4662		Z	A		IN4741A	
1N4663		Z	A		IN4742A	
1N4664		Z	A		IN4743A	
1N4665		Z	A		IN4744A	
1N4666		Z	A		IN4745A	
1N4667		Z	A		IN4746A	
1N4668		Z	A		IN4747A	
1N4669		Z	A		IN4748A	
1N4670		Z	A		IN4749A	
1N4671		Z	A		IN4750A	
1N4672		Z	A		IN4751A	
1N4673		Z	A		IN4752A	
1N4674		Z	A		IN4753A	
1N4675		Z	A		IN4754A	
1N4676		Z	A		IN4755A	
1N4677		Z	A		IN4756A	
1N4732		Z	A	BZY96C4V7		
1N4733		Z	A	BZY96C5V1		
1N4734		Z	A	BZY96C5V6		
1N4735		Z	A	BZY96C6V2		
1N4736		Z	A	BZY96C6V8		
1N4737		Z	A	BZX61C7V5		
1N4738		Z	A	BZX61C8V2		
1N4739		Z	A	BZX61C9V1		
1N4740		Z	A	BZX61C10		
1N4741		Z	A	BZX61C11		
1N4742		Z	A	BZX61C12		
1N4743		Z	A	BZX61C13		
1N4744		Z	A	BZX61C15		
1N4745		Z	A	BZX61C16		
1N4746		Z	A	BZX61C18		
1N4747		Z	A	BZX61C20		
1N4748		Z	A	BZX61C22		
1N4749		Z	A	BZX61C24		
1N4750		Z	A	BZX61C27		
1N4751		Z	A	BZX61C30		
1N4752		Z	A	BZX61C33		
1N4753		Z	A	BZX61C36		
1N4754		Z	A	BZX61C39		
1N4755		Z	A	BZX61C43		
1N4756		Z	A	BZX61C47		
1N4757		Z	A	BZX61C51		
1N4758		Z	A	BZX61C56		
1N4759		Z	A	BZX61C62		
1N4760		Z	A	BZX61C68		
1N4761		Z	A	BZX61C75		
1N4762		Z	A	BZX61C82		
1N4816	S		A		IN4001	
1N4817	S		A		IN4002	
1N4818	S		A		IN4003	
1N4819	S		A		IN4004	
1N4820	S		A		IN4004	
1N4821	S		A		IN4005	
1N4822	S		A		IN4005	
1N4831B		Z	A	BZX61C9V1		

TYPE	1	2	3	EUROPEAN	AMERICAN
1N4832B		Z	A	BZX61C10	
1N4833B		Z	A	BZX61C11	
1N4834B		Z	A	BZX61C12	
1N4836		Z	A	BZX61C13	
1N4836B		Z	A	BZX61C15	
1N4837B		Z	A	BZX61C16	
1N4838B		Z	A	BZX61C18	
1N4839B		Z	A	BZX61C20	
1N4840B		Z	A	BZX61C22	
1N4841B		Z	A	BZX61C24	
1N4842B		Z	A	BZX61C27	
1N4843B		Z	A	BZX61C30	
1N4844B		Z	A	BZX61C33	
1N4845B		Z	A	BZX61C36	
1N4846B		Z	A	BZX61C39	
1N4847B		Z	A	BZX61C43	
1N4848B		Z	A	BZX61C47	
1N4849B		Z	A	BZX61C51	
1N4850B		Z	A	BZX61C56	
1N4851B		Z	A	BZX61C62	
1N4852B		Z	A	BZX61C68	
1N4853B		Z	A	BZX61C75	
1N4854		Z	A	BZX61C82	
1N4861	S		A		IN483
1N4862	S		A		IN483
1N4863	S		A		IN914B
1N4864	S		A		IN914B
1N4938	S		A		IN3070
1N4940	S		A	BAX12	
1N4950	S		A		IN3600
1N5004	S		A		IN4002
1N5005	S		A		IN4003
1N5006	S		A		IN4004
1N5007	S		A		IN4005
1N5008		Z	A		IN4728
1N5008A		Z	A		IN4728A
1N5009		Z	A		IN4729
1N5009A		Z	A		IN4729A
1N5010		Z	A		IN4730
1N5010A		Z	A		IN4730A
1N5011		Z	A		IN4731
1N5011A		Z	A		IN4731A
1N5012		Z	A		IN4732
1N5012A		Z	A		IN4732A
1N5013		Z	A		IN4733
1N5013A		Z	A		IN4733A
1N5014		Z	A		IN4734
1N5014A		Z	A		IN4734A
1N5015		Z	A		IN4735
1N5015A		Z	A		IN4735A
1N5016		Z	A		IN4736
1N5016A		Z	A		IN4736A
1N5017		Z	A		IN4737
1N5017A		Z	A		IN4737A
1N5018		Z	A		IN4738
1N5018A		Z	A		IN4739A
1N5019		Z	A		IN4739
1N5019A		Z	A		IN4739A
1N5020		Z	A		IN4740
1N5020A		Z	A		IN4740
1N5021		Z	A		IN4741
1N5021A		Z	A		IN4741A
1N5022		Z	A		IN4742
1N5022A		Z	A		IN4742A
1N5023		Z	A		IN4743
1N5023A		Z	A		IN4743A
1N5024		Z	A		IM14ZS10
1N5024A		Z	A		IM14ZS5
1N5025		Z	A		IN4744
1N5025A		Z	A		IN4744A
1N5026		Z	A		IN4745
1N5026A		Z	A		IN4745A
1N5027		Z	A		IM17ZS10
1N5027A		Z	A		IM17ZS5
1N5028		Z	A		IN4746

TYPE	1	2	3	EUROPEAN	AMERICAN	
1N5028A		Z	A		IN4746A	
1N5029		Z	A		IM19ZS10	
1N5029A		Z	A		IM19ZS5	
1N5030		Z	A		IN4747	
1N5030A		Z	A		IN4747A	
1N5031		Z	A		IN4748	
1N5031A		Z	A		IN4748A	
1N5032		Z	A		IN4749	
1N5032A		Z	A		IN4749A	
1N5033		Z	A		IM25ZS10	
1N5033A		Z	A		IM25ZS5	
1N5034		Z	A		IN4750	
1N5034A		Z	A		IN4750A	
1N5035		Z	A		IN4751	
1N5035A		Z	A		IN4751A	
1N5036		Z	A		IN4752	
1N5036A		Z	A		IN4752A	
1N5037		Z	A		IN4753	
1N5037A		Z	A		IN4753A	
1N5038		Z	A		IN4754	
1N5038A		Z	A		IN4754A	
1N5039		Z	A		IN4755	
1N5039A		Z	A		IN4755A	
1N5040		Z	A		IM45ZS10	
1N5040A		Z	A		IM45ZS5	
1N5041		Z	A		IN4756	
1N5041A		Z	A		IN4756A	
1N5042		Z	A		IM40ZS10	
1N5042A		Z	A		IM50ZS5	
1N5043		Z	A		IN4757	
1N5043A		Z	A		IN4757A	
1N5044		Z	A		IM52ZS10	
1N5044A		Z	A		IM52ZS5	
1N5045		Z	A		IN4758	
1N5045A		Z	A		IN4758A	
1N5046		Z	A		IN4759	
1N5046A		Z	A		IN4759A	
1N5047		Z	A		IN4760	
1N5047A		Z	A		IN4760A	
1N5048		Z	A		IN4761	
1N5048A		Z	A		IN4761A	
1N5049		Z	A		IN4762	
1N5049A		Z	A		IN4762A	
1N5050		Z	A		IN4763	
1N5050A		Z	A		IN4763A	
1N5051		Z	A		IN4764	
1N5051A		Z	A		IN4764A	
1N5052	S		A		IN4006	
1N5053	S		A		IN4006	
1N5054	S		A		IN4007	
1N5055	S		A		IN4002	
1N5056	S		A		IN4003	
1N5057	S		A		IN4004	
1N5058	S		A		IN4004	
1N5059	S		A		IN4003	
1N5060	S		A		IN4004	
1N5061	S		A		IN4005	
1N5062	S		A		IN4006	
1N5063		Z	A		IN4736A	
1N5064		Z	A		IN4737A	
1N5065		Z	A		IN4738A	
1N5066		Z	A		IN4739A	
1N5067		Z	A		IN4740A	
1N5068		Z	A		IN4741A	
1N5069		Z	A		IN4743A	
1N5070		Z	A		IM14ZS5	
1N5071		Z	A		IN4744A	
1N5072		Z	A		IN4745A	
1N5073		Z	A		IN4746A	
1N5074		Z	A		IN4748A	
1N5075		Z	A		IN4749A	
1N5076		Z	A		IN4750A	
1N5077		Z	A		IN4751A	
1N5078		Z	A		IN4752A	
1N5079		Z	A		IN4753A	

TYPE	1	2	3	EUROPEAN	AMERICAN	
1N5080		Z	A		IN4754A	
1N5081		Z	A		IM40ZS5	
1N5082		Z	A		IN4755A	
1N5083		Z	A		IM45ZS5	
1N5084		Z	A		IN4756A	
1N5085		Z	A		IM50ZS5	
1N5086		Z	A		IN4757A	
1N5087		Z	A		IN4758A	
1N5088		Z	A		IM60ZS5	
1N5089		Z	A		IN4759A	
1N5090		Z	A		IN4760A	
1N5091		Z	A		IM70ZS5	
1N5092		Z	A		IN4761A	
1N5093		Z	A		IM80ZS5	
1N5094		Z	A		IN4762A	
1N5095		Z	A		IN4763A	
1N5096		Z	A		IM110ZS5	
1N5097		Z	A		IM120ZS5	
1N5098		Z	A		IM130ZS5	
1N5099		Z	A		IM140ZS5	
1N5100		Z	A		IM160ZS5	
1N5101		Z	A		IM170ZS5	
1N5102		Z	A		IM180ZS5	
1N5103		Z	A		IM190ZS5	
1N5104		Z	A		IM200ZS5	
1N5105		Z	A		IM110ZSB5	
1N5106		Z	A		IM120ZSB5	
1N5107		Z	A		IM130ZSB5	
1N5108		Z	A		IM135ZSB5	
1N5109		Z	A		IM140ZSB5	
1N5110		Z	A		IM150ZSB5	
1N5111		Z	A		IM160ZSB5	
1N5112		Z	A		IM165ZSB5	
1N5113		Z	A		IM170ZSB5	
1N5114		Z	A		IM180ZSB5	
1N5115		Z	A		IM190ZSB5	
1N5116		Z	A		IM195ZSB5	
1N5118		Z	A		IN5341B	
1N5122		Z	A		IN5371B	
1N5126		Z	A		IN5382B	
1N5157		Z	A		IN5385B	
1N5128		Z	A		IN5387B	
1N5170	S		A		IN4001	
1N5171	S		A		IN4002	
1N5172	S		A		IN4002	
1N5173	S		A		IN4004	
1N5174	S		A		IN4004	
1N5175	S		A		IN4005	
1N5176	S		A		IN4005	
1N5177	S		A		IN4006	
1N5178	S		A		IN4007	
1N5185	S		A		MRS50	
1N5185A	S		A		MR850	
1N5186	S		A		MR851	
1N5186A	S		A		MR851	
1N5187	S		A		MR852	
1N5187A	S		A		MR852	
1N5188	S		A		MR854	
1N5188A	S		A		MR854	
1N5189	S		A		MR856	
1N5189A	S		A		MR856	
1N5190	S		A		MR856	
1N5190A	S		A		MR856	
1N5197	S		A		MR501	
1N5198	S		A		MR501	
1N5199	S		A		MR502	
1N5200	S		A		MR504	
1N5201	S		A		MR506	
1N5219	S		A		IN4454	
1N5220	S		A	BAX13	IN4454	
1N5224B		Z	A	BZX75C2V8		
1N5226B		Z	A	BZX79		
1N5227B		Z	A	BZX79		
1N5228B		Z	A	BZX79		
1N5229B		Z	A	BZX79		

TYPE	1	2	3	EUROPEAN		AMERICAN	
1N5230B		Z	A	BZX79			
1N5231B		Z	A	BZX79			
1N5232B		Z	A	BZX79			
1N5234		Z	A			IN753	
1N5234A		Z	A			IN753	
1N5234B		Z	A	BZX79		IN753A	
1N5235		Z	A			IN754	
1N5235A		Z	A			IN754	
1N5235B		Z	A	BZX55/C6V8	BZX79	IN754A	
1N5236		Z	A			IN755	
1N5236A		Z	A			IN755	
1N5236B		Z	A	BZX79		IN755A	
1N5237		Z	A			IN756	
1N5237A		Z	A			IN756	
1N5237B		Z	A	BZX79		IN756A	
1N5238		Z	A			IN757	
1N5238A		Z	A		IN757		
1N5238B		Z	A			IN757A	
1N5239		Z	A			IN757	
1N5239A		Z	A			IN757	
1N5239B		Z	A	BZX79		IN757A	
1N5240		Z	A			IN758	
1N5240A		Z	A			IN758	
1N5240B		Z	A	BZX79		IN758A	
1N5241		Z	A			IN759	
1N5241A		Z	A			IN759	
1N5241B		Z	A	BZX79		IN759A	
1N5242		Z	A			IN759	
1N5242A		Z	A			IN759	
1N5242B		Z	A	BZX79C12		IN759A	
1N5243		Z	A			IN964A	
1N5243A		Z	A			IN964A	
1N5243B		Z	A	BZX79C13		IN964B	
1N5244		Z	A			IN965A	
1N5244A		Z	A			IN965A	
1N5244B		Z	A			IN965B	
1N5245		Z	A			IN965A	
1N5245A		Z	A			IN965A	
1N5245B		Z	A	BZX79C15		IN965B	
1N5246		Z	A			IN966A	
1N5246A		Z	A			IN966A	
1N5246B		Z	A	BZX79C16		IN966B	
1N5247		Z	A			IN967A	
1N5247A		Z	A			IN967A	
1N5256		Z	A			IN972A	
1N5256A		Z	A			IN972A	
1N5256B		Z	A	BZX79C30		IN972B	
1N5253		Z	A			IN973A	
1N5257A		Z	A			IN973A	
1N5257B		Z	A	BZX79C33		IN973B	
1N5258B		Z	A	BZX79C36			
1N5259B		Z	A	BZX79C39			
1N5260B		Z	A	BZX79C43			
1N5261B		Z	A	BZX79C47			
1N5262B		Z	A	BZX75C51			
1N5263B		Z	A	BZX79C56			
1N5265B		Z	A	BZX79C62			
1N5266B		Z	A	BZX79C68			
1N5267B		Z	A	BZX79C75			
1N5268B		Z	A	BZX79C82			
1N5282	S		A	BAV10			
1N5317	S		A	BAV10			
1N5318	S		A	BAV10			
1N5319	S		A	BAV10			
1N5343A		Z	A	BZX93C7V5			
1N5343B		Z	A	BZX93C7V5			
1N5344A		Z	A	BZY93C8-75			
1N5344B		Z	A	BZY93C8-75			
1N5390	S		A			FH1100	
1N5412	S		A			IN4450	
1N5413	S		A			IN4607	
1N5414	S		A			IN4607	
1N5427	S		A	BAX13			
1N5428	S		A	BAX17			
1N5429	S		A	BAX16			
1N5430	S		A	BAX12			

TYPE	1	2	3	EUROPEAN	AMERICAN
1N5431	S		A	BAV10	
1N5432	S		A	BAX13	
1N5501		Z	A	BZX93C0V7	
1N5502		Z	A	BZX93C1V4	
1N5518		Z	A		IN746
1N5518A		Z	A		IN746
1N5518B		Z	A		IN746A
1N5519		Z	A		IN747
1N5519A		Z	A		IN747
1N5519B		Z	A		IN747A
1N5520		Z	A		IN748
1N5520A		Z	A		IN748
1N5520B		Z	A		IN748A
1N5521		Z	A		IN749
1N5521A		Z	A		IN749
1N5521B		Z	A		IN749B
1N5522		Z	A		IN750
1N5522A		Z	A		IN750
1N5522B		Z	A		IN750
1N5523		Z	A		IN751
1N5523A		Z	A		IN751
1N5523B		Z	A		IN751A
1N5524B		Z	A		IN752
1N5524A		Z	A		IN752
1N5524B		Z	A		IN752A
1N5525		Z	A		IN753
1N5525A		Z	A		IN753
1N5525B		Z	A		IN753A
1N5526		Z	A		IN957
1N5526A		Z	A		IN957A
1N5526B		Z	A		IN957B
1N5527		Z	A		IN958
1N5527A		Z	A		IN958A
1N5527B		Z	A		IN958B
1N5528		Z	A		IN959
1N5528A		Z	A		IN959A
1N5528B		Z	A		IN959B
1N5529		Z	A		IN960
1N5529A		Z	A		IN960A
1N5529B		Z	A		IN960B
1N5530		Z	A		IN961B
1N5530A		Z	A		IN961A
1N5530B		Z	A		IN961B
1N5531		Z	A		IN962
1N5531A		Z	A		IN962A
1N5531B		Z	A		IN962B
1N5532		Z	A		IN963
1N5532A		Z	A		IN963A
1N5532B		Z	A		IN963B
1N5533		Z	A		IN964
1N5533A		Z	A		IN964A
1N5533B		Z	A		IN964B
1N5534		Z	A		IN965
1N5534A		Z	A		IN965A
1N5534B		Z	A		IN965B
1N5535		Z	A		IN965
1N5535A		Z	A		IN965A
1N5535B		Z	A		IN965B
1N5536		Z	A		IN966
1N5536A		Z	A		IN966A
1N5536B		Z	A		IN966B
1N5537		Z	A		IN967
1N5537A		Z	A		IN967A
1N5537B		Z	A		IN967B
1N5538		Z	A		IN967
1N5538A		Z	A		IN967A
1N5538B		Z	A		IN967B
1N5539		Z	A		IN968
1N5539A		Z	A		IN968A
1N5539B		Z	A		IN968B
1N5540		Z	A		IN968
1N5540A		Z	A		IN968A
1N5540B		Z	A		IN968B
1N5541		Z	A		IN969
1N5541A		Z	A		IN969A

TYPE	1	2	3	EUROPEAN		AMERICAN	
1N5541B		Z	A			IN969B	
1N5542		Z	A			IN970	
1N5542A		Z	A			IN970A	
1N5542B		Z	A			IN970B	
1N5543		Z	A			IN971	
1N5543A		Z	A			IN971A	
1N5543B		Z	A			IN971B	
1N5544		Z	A			IN971	
1N5544A		Z	A			IN971A	
1N5544B		Z	A			IN971B	
1N5545		Z	A			IN972	
1N5545A		Z	A			IN972A	
1N5545B		Z	A			IN972B	
1N5546		Z	A			IN973	
1N5546A		Z	A			IN973A	
1N5546B		Z	A			IN9733	
1N5605		Z	A			FDH333	
1N5606		Z	A			FDH300	
1N5607		Z	A			FDH300	
1N5608		Z	A			FDH444	
1N5609		Z	A			FDG444	
1S13	G		J	AA119			
1S15	G		J	AA119			
1S17	G		J	AAY28			
1S18	G		J	AAY28			
1S32	G		J	AA117	AA118		
1S34	G		J	AA117	AA118		
1S40	S		J			(IN4002)	
1S41	S		J			(IN4003)	
1S42	S		J			(IN4004)	
1S43	S		J			(IN4004)	
1S44	S		A	BAY61			
1S44	S		J			(IN4005)	
1S45	S		J			(IN4005)	
1S46	S		J			(IN4006)	
1S47	S		J			(IN4006)	
1S74	S		A	OA81	OA95	IN618	
1S75	S		A	OA85	OA95	IN618	
1S76	G		J	AA113			
1S77H	G		J	AAY28			
1S78H	G		J	(AAY28)			
1S79H	G		J	(AAY27)			
1S84H	S		J	BAY46			
1S85	S		J	(BA127)			
1S90	S		A	BY114	BY126		
1S91	S		A	BY114	BY126		
1S92	S		A	BY114	BY126		
1S93	S		A	BY114	BY126		
1S94	S		A	BY114	BY127		
1S95	S		A	BY114	BY127		
1S96	S		A	BY100	BY127		
1S97	S		A	BY100	BY127		
1S111	S		A			(IN4004)	
1S112	S		A			(IN4004)	
1S113	S		A			(IN4004)	
1S115	S		A			(IN4005)	
1S117	S		A			(IN4006)	
1S120	S		A	BAY42			
1S121	S		A	(BAY45)			
1S130	S		A	BAY42			
1S131	S		A	(BAY45)			
1S132	S		A	(BAY46)			
1S134	S		A			IN4004	
1S134		Z	J	(BZX83-C4V7)			
1S135		Z	J	(BZX83-C5V6)			
1S136		Z	J	(BZX83-C6V8)			
1S136	S		A			IN4005	
1S137	S		A	OA90			
1S138	S		A			IN4006	
1S138		Z	J	(BZX83-C8V2)			
1S139		Z	J	(BZX83-C9V1)			
1S140		Z	J	(BZX83-C11)			
1S141		Z	J	(BZX83-C13)			
1S142		Z	J	(BZX83-C15)			
1S143		Z	J	(BZX83-C16)			

TYPE	1	2	3	EUROPEAN		AMERICAN	
1S146	S		J			IN4002	
1S147	S		J			IN4003	
1S148	S		J			IN4004	
1S149	S		J			IN4004	
1S150	S		J			IN4005	
1S160R	S		J	(SS1DO440)			
1S161R	S		J	(SS1DO440)			
1S162R	S		J	(SS1DO440)			
1S163R	S		J	(SS1DO440)			
1S164R	S		J	(SS1DO440)			
1S165R	S		J	(SS1DO440)			
1S166R	S		J	(SS1DO440)			
1S170R	S		J	(SS1E2040)			
1S171R	S		J	(SS1E2040)			
1S172R	S		J	(SS1E2040)			
1S173R	S		J	(SS1E2040)			
1S174R	S		J	(SS1E2040)			
1S175R	S		J	(SS1E2040)			
1S176R	S		J	(SS1E2040)			
1S180	S		J	BAY44			
1S181	S		J	BAY45			
1S182	S		J	BAY46			
1S183	S		J	BAY46			
1S184	S		J	BAY60			
1S185	S		J	BAY60	BAW75		
1S186	G		J	AA113			
1S187	G		J	AAY28			
1S188	G		J	(AA113)	AA118		
1S189	G		J	AA117			
1S190		Z	J	(BAX83-C5V1)			
1S191		Z	J	(BZX83-C6V2)			
1S192		Z	J	(BZX83-C6V8)			
1S193		Z	J	(BZX83-C8V2)			
1S194		Z	J	(BZX83-C9V1)			
1S195		Z	J	(BZX83-C10)			
1S196		Z	J	(BZX83-C11)			
1S197		Z	J	(BZX83-C12)			
1S199		Z	J	(BZX83-C18)			
1S204	S		J	(BAY46)			
1S306	S		J	BAW76	(BAW75)		
				BAY63			
1S307	G		J	(AAY27)			
1S330		Z	J	(BZX83-C5V1)			
1S331		Z	J	(BZX83-C6V2)			
1S332		Z	J	(BZX83-C6V8)			
1S333		Z	J	(BZX83-C8V2)			
1S334		Z	J	(BZX83-C9V1)			
1S335		Z	J	(BZX83-C10)			
1S335		Z	J	(BZX83-C10)			
1S336		Z	J	(BZX83-C11)			
1S337		Z	J	(BZX83-C12)			
1S339		Z	J	(BZX83-C18)			
1S357	G		J	(AA119)			
1S358	S		J	(BAY45)			
1S358S	S		J	BAY44			
1S441	G		J	AA113	AA119		
1S442	G		J	(AAY28)			
1S445	G		J	(AAY28)			
1S446	G		J	(AA113)			
1S447	G		J	AA117			
1S448	G		J	AA117			
1S449	G		J	AA118			
1S451	G		J	AA113			
1S452	G		J	AA117	AA118		
1S453	G		J	AA117	AA118		
1S454	G		J	GD743	(GD733)		
1S455	G		J	GD743	(GD733)		
1S456	G		J	BAY44	BA127		
1S457	S		J	BAY45	BAY43		
1S459	S		J	BAY45			
1S459	S		J	BAY46			
1S460	S		J	BAY60	BAW75		
1S470		Z	J	(BZX83-C6V2)			
1S471		Z	J	(BZX83-C6V8)			
1S472		Z	J	(BZX83-C9V1)			
1S473		Z	J	(BZX83-C11)			
1S475		Z	J	(BZX83-C18)			

TYPE	1	2	3	EUROPEAN		AMERICAN	
1S476		Z	J	(BZX83-C24)			
1S477		Z	J	(BZX83-C27)			
1S478		Z	J	BZX55-C36			
1S500	S		J	BAY63	BAW76	IN3604	
1S501	S		J	BAY63	BAW76	IN3604	
1S557	S		J	(SS1B0580)			
1S558	S		J	(SS1B0540)			
1S559	S		J	(SS1B0520)			
1S844	S		J	(SS1B0170)			
1S846	S		J	(SS1B0140)			
1S848	S		J	(SS1B0160)			
1S850	S		J	(SS1B0180)			
1S920	S		A	(BAY42)			
1S951	S		J	BAY63	BAW75		
1S952	S		J	BAY63	BAW76		
1S953	S		J	BAW75			
1S954	S		J	BAW76			
1S960	S		A	BAY42			
1S990		Z	J	(BZX55-C0V8)	(BZX83-C0V8)		
1S993		Z	J	(BZX83-C3V0)			
1S994		Z	J	(BZX83-C3V9)			
1S1061	S		J			(IN4002)	
1S1062	S		J			(IN4003)	
1S1063	S		J			(IN4004)	
1S1064	S		J			(IN4005)	
1S1065	S		J			(IN4006)	
1S1066	S		J			(IN4007)	
1S1237	S		J	(BAY46)		(IN4004)	
1S1238	S		J			(IN4005)	
1S1302	S		J	BAW76			
1S1303	S		J	BAW76			
1S1342	S		J	(SS1B0110)			
1S1343	S		J	(SS1B0120)			
1S1344	S		J	(SS1B0120)			
1S1345	S		J	(SS1B0140)			
1S1346	S		J	(SS1B0140)			
1S1347	S		J	(SS1B0160)			
1S1348	S		J	(SS1B0520)(180)			
1S1349	S		J	(SS1B0580A)			
1S1420H	S		J	BA127	BA127D		
1S1514	S		J	(BAY45)			
1S1515	S		J	(BAY63)			
1S1516	S		J	(BAY63)			
1S1544	S		J	BAY63	BAW76	IN3604	
1S1546	S		J	BAY63	BAW76	IN3604	
1S1553	S		J	BAW76			
1S1554	S		J	BAW76			
1S1555	S		J	(BAW75)			
1S1586	S		J	BAW76			
1S1587	S		J	BAW76			
1S1588	S		J	BAW76	(BAW75)		
1S1692	S		A	BY127			
1S1693	S		A	BY127			
1S1694	S		A	BY127			
1S1695	S		A	BY100	BY127		
1S2030A		Z	A	BZX83-C3V0			
1S2033		Z	A	BZX83-C3V3			
1S2033A		Z	A	BZX83-C3V3			
1S2036		Z	A	BZX83-C3V6			
1S2036A		Z	A	BZX83-C3V6			
1S2039		Z	A	BZX83-C3V9			
1S2039A		Z	A	BZX83-C3V9			
1S2043		Z	A	BZX83-C4V3			
1S2043A		Z	A	BZX83-C4V3			
1S2047		Z	A	BZX83-C4V7			
1S2047A		Z	A	BZX83-C4V7			
1S2051		Z	A	BZX83-C5V1			
1S2051A		Z	A	BZX83-C5V3			
1S2056		Z	A	BZX83-C5V6			
1S2056A		Z	A	BZX83-C5V6			
1S2062		Z	A	BZX83-C6V2			
1S2062A		Z	A	BZX83-C6V2			
1S2068		Z	A	BZX83-C6V8			
1S2068A		Z	A	BZX83-C6V8			
1S2075		Z	A	BZX83-C7V5			

TYPE	1	2	3	EUROPEAN		AMERICAN	
1S2075A		Z	A	BZX83-C7V5			
1S2082		Z	A	BZX83-C8V2			
1S2082A		Z	A	BZX83-C8V2			
1S2091		Z	A	BZX83-C9V1			
1S2091A		Z	A	BZX83-C9V1			
1S2100		Z	A	BZX83-C10			
1S2100A		Z	A	BZX83-C10			
1S2110		Z	A	BZX83-C11			
1S2110A		Z	A	BZX83-C11			
1S2120		Z	A	BZX83-C12			
1S2120A		Z	A	BZX83-C12			
1S2130		Z	A	BZX83-C13			
1S2130A		Z	A	BZX83-C13			
1S2150		Z	A	BZX83-C15			
1S2150A		Z	A	BZX83-C15			
1S2160		Z	A	BZX83-C16			
1S2160A		Z	A	BZX83-C16			
1S2180		Z	A	BZX83-C18	(BZX83-C18)		
1S2180A		Z	A	BZX83-C18	(BZX83-C18)		
1S2200		Z	A	BZX83-C20	(BZX83-C20)		
1S2200A		Z	A	BZX83-C20	(BZX83-C20)		
1S2220		Z	A	BZX83-C22	(BZX83-C22)		
1S2220A		Z	A	BZX83-C22	(BZX83-C22)		
1S2240		Z	A	BZX83-C24	(BZX83-C24)		
1S2240A		Z	A	BZX83-C24	(BZX83-C24)		
1S2270		Z	A	BZX83-C27	(BZX83-C27)		
1S2270A		Z	A	BZX83-C27	(BZX83-C27)		
1S2300		Z	A	BZX83-C30	(BZX83-C30)		
1S2300A		Z	A	BZX83-C30	(BZX83-C30)		
1S2330		Z	A	BZX83-C33	(BZX83-C33)		
1S2330A		Z	A	BZX83-C33	(BZX83-C33)		
1S2388	S		J	(BAW75)			
1S2389	S		J	(BAW75)			
1S2401	S		J			(IN4002)	
1S2402	S		J			(IN4003)	
1S2403	S		J			(IN4004)	
1S2404	S		J			(IN4005)	
1S2405	S		J			(IN4006)	
1S2406	S		J			(IN4007)	
1S7030A		Z	A	BZX97-C3V0			
1S7033		Z	A	BZX97-C3V3			
1S7033A		Z	A	BZX97-C3V3			
1S7033B		Z	A	BZX97-C3V3			
1S7036		Z	A	BZX97-C3V6			
1S7036A		Z	A	BZX97-C3V6			
1S7036B		Z	A	BZX97-C3V6			
1S7039		Z	A	BZX97-C3V9			
1S7039A		Z	A	BZX97-C3V9			
1S7039B		Z	A	BZX97-C3V9			
1S7043		Z	A	BZX97-C4V3			
1S7043A		Z	A	BZX97-C4V3			
1S7043B		Z	A	BZX97-C4V3			
1S7047		Z	A	BZX97-C4V7			
1S7047A		Z	A	BZX97-C4V7			
1S7047B		Z	A	BZX97-C4V7			
1S7051		Z	A	BZX97-C5V1			
1S7051A		Z	A	BZX97-C5V1			
1S7051B		Z	A	BZX97-C5V1			
1S7056		Z	A	BZX97-C5V6			
1S7056A		Z	A	BZX97-C5V6			
1S7056B		Z	A	BZX97-C5V6			
1S7062		Z	A	BZX97-C6V2			
1S7062A		Z	A	BZX97-C6V2			
1S7062B		Z	A	BZX97-C6V2			
1S7068		Z	A	BZX97-C6V8			
1S7068A		Z	A	BZX97-C6V8			
1S7068B		Z	A	BZX97-C6V8			
1S7075		Z	A	BZX97-C7V5			
1S7075A		Z	A	BZX97-C7V5			
1S7075B		Z	A	BZX97-C7V5			
1S7082		Z	A	BZX97-C8V2			
1S7082A		Z	A	BZX97-C8V2			
1S7082B		Z	A	BZX97-C8V2			
1S7091		Z	A	BZX97-C9V1			
1S7091A		Z	A	BZX97-C9V1			
1S7100		Z	A	BZX97-C10			

TYPE	1	2	3	EUROPEAN		AMERICAN	
1S7100A		Z	A	BZX97-C10			
1S7100B		Z	A	BZX97-C10			
1S7110		Z	A	BZX97-C11			
1S7110A		Z	A	BZX97-C11			
1S7110B		Z	A	BZX97-C11			
1S7120		Z	A	BZX97-C12			
1S7120A		Z	A	BZX97-C12			
1S120B		Z	A	BZX97-C12			
1S7130		Z	A	BZX97-C13			
1S7130A		Z	A	BZX97-C13			
1S7130B		Z	A	BZX97-C13			
1S7150		Z	A	BZX97-C15			
1S7150A		Z	A	BZX97-C15			
1S7150B		Z	A	BZX97-C15			
1S7160A		Z	A	BZX97-C16			
IT22	G		J	AA113			
IT22G	G		J	(AA113)			
IT23	G		J	AA116			
IT23G	G		J	(AA116)			
IT26	G		J	(AAY28)			
IT501	S		E			IN4002	
IT502	S		E			IN4003	
IT503	S		E			IN4004	
IT504	S		E			IN4004	
IT505	S		E			IN4005	
IT506	S		E			IN4005	
IT507	S		E			IN4006	
IT508	S		E	BZX97-C6			
IT509	S		E			IN4007	
IT510	S		E			IN4007	
02Z5.6A		Z	J	BZX83-C5V6			
02Z6.2A		Z	J	BZX83-C6V2			
02Z6.8A		Z	J	BZX83-C6V8			
02Z7.5A		Z	J	BZX83-C7V5			
02Z8.2A		Z	J	BZX83-C8V2			
02Z9.1A		Z	J	BZX83-C9V1			
02Z10A		Z	J	BZX83-C10			
02Z11A		Z	J	BZX83-C11			
02Z12A		Z	J	BZX83-C12			
02Z13A		Z	J	BZX83-C13			
02Z15A		Z	J	BZX83-C15			
02Z16A		Z	J	BZX83-C16			
02Z18A		Z	J	BZX83-C18			
2A18		Z	E	BZX97-C4V3)			
2A21		Z	E	BZX97-C5V1)			
2A22		Z	E	BZX97-C5V1)			
2A25		Z	E	BZX97-C3V6)			
2A28		Z	E	BZX97-C3V0)			
2A43		Z	E	BZX97-C2V7)			
2A44		Z	E	BZX97-C3V3)			
2A47		Z	E	BZX97-C4V3)			
2A64		Z	E	BZX97-C33)			
2T501	S		E	(SS1B0110)		(IN4002)	
2T502	S		E	(SS1B0120)		(IN4003)	
2T503	S		E	(SS1B0120)		(IN4004)	
2T504	S		E	(SS1B0140)		(IN4004)	
2T505	S		E	(SS1B0140)		(IN4005)	
2T506	S		E	(SS1B0140)		(IN4005)	
2T507	S		E	(SS1B0160)		(IN4006)	
2T508	S		E	(SS1B0160)		(IN4006)	
2T509	S		E	(SS1B0160)		(IN4007)	
2T510	S		E	(SS1B0180)		(IN4007)	
2N681A		C	A			2N681	
2N682A		C	A			2N682	
2N683A		C	A			2N683	
2N684A		C	A			2N684	
2N685A		C	A			2N685	
2N686A		C	A			2N686	
2N687A		C	A			2N687	
2N688A		C	A			2N688	
2N689A		C	A			2N689	
2N876		C	A			106Q1	
2N877		C	A			106Y1	
2N878		C	A			106F1	
2N879		C	A			106A1	

TYPE	1	2	3	EUROPEAN	AMERICAN	
2N880		C	A		106B1	
2N881		C	A		106B1	
2N882		C	A		106C1	
2N883		C	A		106D1	
2N884		C	A		106Q1	
2N885		C	A		106Y1	
2N886		C	A		106A1	
2N887		C	A		106A1	
2N888		C	A		106B1	
2N889		C	A		106B1	
2N891		C	A		106D1	
2N890		C	A		106C1	
2N948		C	A		106Y1	
2N949		C	A		106A1	
2N950		C	A		106A1	
2N951		C	A		106B1	
2N1595		C	A		40654	S2600B
2N1595A		C	A		40654	S2600B
2N1596		C	A		40654	S2600B
2N1596A		C	A		40654	S2600B
2N1597		C	A		40654	S2600B
2N1597A		C	A		40654	S2600B
2N1598		C	A		40655	S2600D
2N1598A		C	A		40655	S2600D
2N1599		C	A		40655	S2600D
2N1599A		C	A		40655	S2600D
2N1599A		C	A		40655	S2600D
2N1600		C	A		40654	S2600D
2N1601		C	A		40654	S2600D
2N1602		C	A		40654	S2600D
2N1603		C	A		40655	S2600D
2N1604		C	A		40655	S2600D
2N1770		C	A		40741	S6211A
2N1770A		C	A		40741	S6211A
2N1771		C	A		40741	S6211A
2N1771A		C	A		40741	S6211A
2N1772		C	A		40741	S6211A
2N1772A		C	A		40741	S6211A
2N1773		C	A		40742	S6211B
2N1773A		C	A		40742	S6211B
2N1774		C	A		40742	S6211B
2N1774A		C	A		40742	S6211B
2N1775		C	A		40743	S6211D
2N1775A		C	A		40743	S6211D
2N1776		C	A		40743	S6211D
2N1776A		C	A		40743	S6211D
2N1776B		C	A		40743	2N181D
2N1777		C	A		40743	S6211D
2N177A		C	A		40743	S6211D
2N1778		C	A		40744	S6211M
2N1842		C	A		2N1842A	
2N1842B		C	A		2N1842A	
2N1843		C	A		2N1843A	
2N1843B		C	A		2N1843A	
2N1844		C	A		2N1844A	
2N1844B		C	A		2N1844A	
2N1845		C	A		2N1845A	
2N1845B		C	A		2N1845A	
2N1846		C	A		2N1846A	
2N1846B		C	A		2N1846A	
2N1847		C	A		2N1847A	
2N1847B		C	A		2N1847A	
2N1848		C	A		2N1848A	
2N1848B		C	A		2N1848A	
2N1849		C	A		2N1849A	
2N1849B		C	A		2N1849A	
2N1850		C	A		2N1850A	
2N1850B		C	A		2N1850A	
2N1869		C	A		106Q1	
2N1869A		C	A		106Q1	
2N1870		C	A		106Y1	
2N1870A		C	A		106Y1	
2N1871		C	A		106F1	
2N1871A		C	A		106F1	
2N1872		C	A		106A1	

TYPE	1	2	3	EUROPEAN	AMERICAN	
2N1872A		C	A		106A1	
2N1873		C	A		106B1	
2N1873A		C	A		106B1	
2N1874		C	A		106C1	
2N1874A		C	A		106C1	
2N1875		C	A		106Q1	
2N1875A		C	A		106Q1	
2N1876		C	A		106Y1	
2N1876A		C	A		106Y1	
2N1877		C	A		106F1	
2N1877A		C	A		106F1	
2N1878		C	A		106A1	
2N1878A		C	A		106A1	
2N1879		C	A		106B1	
2N1879A		C	A		106B1	
2N1880A		C	A		106C1	
2N1880A		C	A		106C1	
2N1881		C	A		107Y1	
2N1882		C	A		107A1	
2N1883		C	A		107A1	
2N1884		C	A		107B1	
2N1885		C	A		107B1	
2N1929		C	A		40867	S2800A
2N1930		C	A		40867	S2800A
2N1931		C	A		40867	S2800A
2N1932		C	A		40868	S2800B
2N1933		C	A		40868	S2800B
2N1934		C	A		40869	S2800B
2N1935		C	A		40869	S2800B
2N2009		C	A		106Y1	
2N2010		C	A		106F1	
2N2011		C	A		106A1	
2N2012		C	A		106B1	
2N2013		C	A		106C1	
2N2014		C	A		106D1	
2N2322		C	A		106Y1	
2N2323		C	A		106Y1	
2N2324		C	A		106Y1	
2N2325		C	A		106B1	
2N2326		C	A		106B1	
2N2327		C	A		106C1	
2N2328		C	A		106C1	
2N2329		C	A		106D1	
2N2573		C	A		2N3870	
2N2574		C	A		2N3870	
2N2575		C	A		2N3871	
2N2576		C	A		2N3871	
2N2577		C	A		2N3872	
2N2578		C	A		2N3872	
2N2579		C	A		2N3873	
2N2619		C	A		40833	S2600M
2N2653		C	A		40855	
2N2888		C	A		TA7393	TAS7431B
2N2889		C	A		TA7393	TAS7431B
2N3027		C	A		107Y1	
2N3028		C	A		107A1	
2N3029		C	A		107A1	
2N3030		C	A		107Y1	
2N3031		C	A		107A	
2N3032		C	A		107A1	
2N3257		C	A		106Q1	
2N3258		C	A		106Y1	
2N3259		C	A		106A1	
2N3269		C	A		40867	S2800A
2N3270		C	A		40868	S2800B
2N3271		C	A		40869	S2800D
2N3272		C	A		40869	S2800D
2N3273		C	A		106A1	
2N3274		C	A		106B1	
2N3275		C	A		106C1	
2N3276		C	A		106D1	
2N3353		C	A		106F1	
2N3354		C	A		106A1	
2N3355		C	A		106B1	
2N3356		C	A		106C1	

TYPE	1	2	3	EUROPEAN	AMERICAN	
2N3357		C	A		106D1	
2N3358		C	A		106E1	
2N3359		C	A		106M1	
2N3530		C	A		106F1	
2N3531		C	A		106A1	
2N3532		C	A		106B1	
2N3533		C	A		106C1	
2N3534		C	A		106D1	
2N3535		C	A		106E1	
2N3536		C	A		106M1	
2N3649		C	A		2N3650	
2N3654		C	A		2N3650	
2N3655		C	A		2N3650	
2N3656		C	A		2N3651	
2N3657		C	A		2N3652	
2N3658		C	A		2N3653	
2N3753		C	A		TA7393	TAS7431 B
2N3754		C	A		TA7393	TAS7431 B
2N3755		C	A		TA7393	TAS7431 B
2N3756		C	A		TA7394	TAS7431 D
2N3757		C	A		TA7394	TAS7431 D
2N3758		C	A		TA7395	TAS7431 M
2N3759		C	A		TA7395	TAS7431 M
2N3884		C	A		106F1	
2N3885		C	A		106A1	
2N3886		C	A		106B1	
2N3887		C	A		106C1	
2N3888		C	A		106D1	
2N3889		C	A		106E1	
2N3890		C	A		106M1	
2N3936		C	A		40553	S3700B
2N3937		C	A		40553	S3700B
2N3938		C	A		40554	S3700D
2N3939		C	A		40554	S3700D
2N3940		C	A		40555	S3700M
2N4096		C	A		106F1	
2N4097		C	A		106A1	
2N4098		C	A		106B1	
2N4108		C	A		106F1	
2N4109		C	A		106A1	
2N4110		C	A		106B1	
2N4144		C	A		106Q1	
2N4145		C	A		106Y1	
2N4146		C	A		106F1	
2N4147		C	A		106A1	
2N4148		C	A		106B1	
2N4149		C	A		106C1	
2N4151		C	A		40867	S2800A
2N4152		C	A		40867	S2800A
2N4153		C	A		40867	S2800A
2N4154		C	A		40868	S2800B
2N4155		C	A		40869	S2800D
2N4156		C	A		40869	S2800D
2N4159		C	A		40867	S2800A
2N4160		C	A		40867	S2800A
2N4161		C	A		40867	S2800A
2N4162		C	A		40868	S2800B
2N4163		C	A		40869	S2800D
2N4164		C	A		40869	S2800D
2N4165		C	A		40870	S2800M
2N4166		C	A		40870	S2800M
2N4167		C	A		40741	S6211A
2N4168		C	A		40741	S6211A
2N4169		C	A		40741	S6211A
2N4170		C	A		40742	S6211B
2N4171		C	A		40743	S6211D
2N4172		C	A		40743	S6211D
2N4173		C	A		40744	S6211M
2N4174		C	A		40744	S6211M
2N4175		C	A		40741	S6211A
2N4176		C	A		40741	S6211A
2N4177		C	A		40741	S6211A
2N4178		C	A		40742	S6211B
2N4179		C	A		40743	S6211D
2N4180		C	A		40743	S6211D

TYPE	1	2	3	EUROPEAN	AMERICAN	
2N4181		C	A		40744	S6211M
2N4182		C	A		40744	S6211M
2N4183		C	A		40737	S6201A
2N4184		C	A		40737	S6201A
2N4185		C	A		40737	S6201A
2N4186		C	A		40738	S6201B
2N4187		C	A		40739	S6201D
2N4188		C	A		40739	S6201D
2N4189		C	A		40740	S6201M
2N4190		C	A		40740	S6201M
2N4191		C	A		40737	S6201A
2N4192		C	A		40737	S6201A
2N4193		C	A		40737	S6201A
2N4194		C	A		40738	S6201B
2N4195		C	A		40739	S6201D
2N4196		C	A		40739	S6201D
2N4197		C	A		40740	S6201M
2N4198		C	A		40740	S6201M
2N4199		C	A		TA7394	TAS7431D
2N4200		C	A		TA7394	TAS7431D
2N4201		C	A		TA7394	TAS7431M
2N4202		C	A		TA7395	TAS7431M
2N4203		C	A		TA7395	TAS7431M
2N4217		C	A		106C1	
2N4218		C	A		106C1	
2N4219		C	A		106D1	
2N4316		C	A		40867	S2800A
2N4317		C	A		40868	S2800B
2N4318		C	A		40869	S2800D
2N4319		C	A		40880	S2800M
2N4441		C	A		40867	S2800A
2N4442		C	A		40868	S2800B
2N4443		C	A		40869	S2800D
2N5060		C	A		106Y1	
2N5061		C	A		106A1	
2N5062		C	A		106A1	
2N5063		C	A		107B1	
2N5064		C	A		107B1	
2N5164		C	A		40749	S6200A
2N5165		C	A		40750	S6200B
2N5166		C	A		40751	S6200D
2N5167		C	A		40753	S6210A
2N5168		C	A		40754	S6210B
2N5169		C	A		40755	S6210D
2N5170		C	A		40756	S6210M
2N5171		C	A		S6210M	
2N5204		C	A		2N3899	
2N5205		C	A		2N3899	
2N5273		T	A		2N5444	
2N5274		T	A		2N5445	
2N5275		T	A		2N5446	
2N5787		C	A		106Y1	
2N5788		C	A		106A1	
2N5789		C	A		106A1	
2N5790		C	A		106B1	
2N5791		C	A		106C1	
2N5792		C	A		106D1	
2N5806		T	A		2N5441	
2N5807		T	A		2N5442	
2N5808		T	A		2N5446	
2N5809		T	A		2N5446	
2N6068		T	A		40668	T2800B
2N6069		T	A		40668	T2800B
2N6070		T	A		40668	T2800B
2N6071		T	A		40668	T2800B
2N6072		T	A		40669	T2800D
2N6073		T	A		40669	T2800D
2N6074		T	A		40842	T2801DF
2N6075		T	A		40842	T2801Df
2N6139		T	A		2N5569	
2N6140		T	A		2N5570	
2N6141		T	A		40796	T4111M
2N6142		T	A		2N5569	
2N6143		T	A		2N5570	
2N6144		T	A		T4111M	

TYPE	1	2	3	EUROPEAN		AMERICAN	
2N6145		T	A			40802	T4120B
2N6146		T	A			40803	T4120D
2N6147		T	A			40804	T4120M
2N6148		T	A			2N5567	
2N6149		T	A			2N5568	
2N6150		T	A			40795	T4101M
2N6151		T	A			40668	T2800B
2N6152		T	A			40669	T2800D
2N6153		T	A			40842	T2800DF
2N6154		T	A			40668	T2800B
2N6155		T	A			40669	T2800D
2N6156		T	A			40842	T2800DF
2N6157		T	A			40660	T6401B
2N6158		T	A			40661	T6401D
2N6159		T	A			40671	T6401M
2N6160		T	A			40662	T6411B
2N6161		T	A			40663	T6411D
2N6162		T	A			40672	T6411M
2N6163		T	A			40671	T6401M
2N6164		T	A			40672	T6411M
2N6165		T	A			40807	T5421M
2N6167		C	A			40757	S6220A
2N6168		C	A			4078	S6220B
2N6169		C	A			40759	S6220D
2N6170		C	A			40760	S6220M
2N6236		C	A			106Y1	S2060Y
2N6237		C	A			106F1	S2060F
2N6238		C	A			106A1	S2060A
2N6239		C	A			106B1	S2060B
2N6240		C	A			106D1	S2060D
2N6241		C	A			106M1	S2060M
2N6342		T	A			T2802B	
2N6342A		T	A			T2802B	
2N6343		T	A			T2802D	
2N6343A		T	A			T2802D	
2N6344		T	A			T2802M	
2N6344A		C	A			T2802M	
2N6346		T	A			T2802B	
2N6346A		T	A			T2802B	
2N6347		T	A			T2802D	
2N6347A		T	A			T2802D	
2N6348		T	A			T2802M	
2N6348A		T	A			T2802M	
3G8	S		E			(IN4004)	
3N903		O	A			TIL107*	
2N903N		O	A			TIL108*	
3RC10A		C	A			40741	S6211A
3RC20A		C	A			40742	S6211B
3RC30A		C	A			40743	S6211D
3RC40A		C	A			40743	S6211D
3RC50A		C	A			40744	S6211M
3RC60A		C	A			40744	S6211M
3T501	S		E	(SS1B0110)			
3T502	S		E	(SS1B0120)			
3T503	S		E	(SS1B0120)			
3T503	S		E	(SS1B0120)			
3T504	S		E	(SS1B0140)			
3T505	S		E	(SS1B0140)			
3T506	S		E	(SS1B0140)			
3T507	S		E	(SS1B0160)			
3T508	S		E	(SS1B0160)			
3T509	S		E	(SS1B0160)			
3T510	S		E	(SS1B0180)			
3T501	S		E			(IN4002)	
4T502	S		E			(IN4003)	
4T503	S		E			(IN4004)	
4T504	S		E			(IN4004)	
4T505	S		E			(IN4005)	
4T506	S		E			(IN4005)	
4T507	S		E			(IN4006)	
4T508	S		E			(IN4006)	
4T509	S		E			(IN4007)	
4T510	S		E			(IN4007)	
4A1	S		A	SS1B0620			
5A2	S		A	SS1B0620			

TYPE	1	2	3	EUROPEAN		AMERICAN	
5A4	S		A	SS1B0640			
5A6	S		A	SS1B0640			
5A8	S		A	SS1B0680			
5A10	S		A	SS1B0680			
5C		P	A	OAP12			
5D1	S		A	(SS1B0610)		(IN4002)	
5D2	S		A	(SS1B0620)		(IN4003)	
5D4	S		A	(SS1B0640)		(IN4004)	
5D6	S		A	(SS1B0640)		(IN4005)	
5D8	S		A	(SS1B0680)		(IN4006)	
5D10	S		A	(SS1B0680)		(IN4007)	
5J180	G		A	OA79	AA119		
5J181	G		A	OA73			
5P		P	A	OAP12			
5RC10A		C	A			40741	S6211A
5RC204		C	A			40742	S6211B
5RC30A		C	A			40743	S6211D
5RC40A		C	A			40743	S6211D
5RC50A		C	A			40744	S6211M
5RC60A		C	A			40744	S6211M
6T06		T	A			40429	T2700B
6T16		T	A			40429	T2700B
6T26		T	A			40429	T2700D
6T36		T	A			40430	T2700D
6T46		T	A			40430	T2700D
8D4	S		A			(IN4004)	
8D6	S		A			(IN4005)	
8G7	S		E	SS1B0160		(IN4006)	
10/2	S		A	BY114			
10A		P	A	OA12			
10AS	S		E	(SS1B0110)			
10J2	S		A	BY114			
10B1	S		A	(SS1B0110)			
10B2	S		A	(SS1B0120)			
10B3	S		A	(SS1B0120)			
10B4	S		A	(SS1B0140)			
10B5	S		A	(SS1B0140)			
10B6	S		A	(SS1B0140)			
10B8	S		A	(SS1B0160)			
10B10	S		A	(SS1B0180)			
10C1	S		A	(SS1B0110)			
10C2	S		A	(SS1B0120)			
10C3	S		A	(SS1B0120)			
10C4	S		A	(SS1B0140)			
10C5	S		A	(SS1B0140)			
10C6	S		A	(SS1B0140)			
10C8	S		A	(SS1B0160)			
10C10	S		A	(SS1B0180)			
10D05	S		A			(IN4001)	
10D1	S		A			(IN4002)	
10D2	S		A			(IN4003)	
10D3	S		A			(IN4004)	
10D4	S		A			(IN4003)	
10D5	S		A			(IN4005)	
10D6	S		A			(IN4005)	
10D8	S		A			(IN4006)	
10D10	S		A			(IN4007)	
10G4	S		E	(SS1B0180)			
10P		P	A	OAP12			
10R2	S		A	BYZ13			
10R2A	S		A	BYZ19			
10RC10A		C	A			2N3896	
10RC10AS24		C	A			2N3650	
10RC20A		C	A			2N3897	
10RC20AS24		C	A			2N3651	
10RC30A		C	A			2N3898	
10RC30AS24		C	A			2N3652	
10RC40A			A			2N3898	
10RC40AS24		C	A			2N3653	
10RC50A		C	A			2N3899	
10RC50AS24		C	A			40735	S7430M
10RC60A		C	A			2N3899	
10RC60AS24		C	A			40735	S7430M
11A		P	A	OAP12			
11J2	S		A	BY114			

TYPE	1	2	3	EUROPEAN		AMERICAN	
11Z24		Z	A	OAZ208			
12J2	S		A	BY114			
12P2	S		A	OA202			
12Z4		Z	A	OAZ209			
13T2	S		A	BY114			
13P1	G		A	AAZ18	OA47		
				OA90			
13P2	S		A	BYX10			
13Z4		Z	A	OAZ210			
14J2	S		A	BY114			
14P1	G		A	AAZ15	OA5		
14P2	S		A	OA202			
14R2	S		A	BYZ12			
14Z4		Z	A	OAZ211			
15J2	S		A	BY100			
15P1	G		A	AAZ15	OA5		
15P2	S		A	OA202			
15Z4		Z	A	OAZ212			
15Z6		Z	A	OAZ200			
16J2	S		A	BY100			
16P1	G		A	OA85			
16P2	S		A	BA100			
16RC10A		C	A			2N3896	
16RC10AS24		C	A			2N3650	
16RC20A		C	A			2N3987	
16RC20AS24		C	A			2N3651	
16C30A		C	A			2N3898	
16RC30AS24		C	A			2N3653	
16RC40A		C	A			2N3898	
16RC40AS24		C	A			2N3653	
16RC50A		C	A			2N3899	
16RC50AS24		C	A			S7410M	
16RC60A		C	A			2N3899	
16RC60SA24		C	A			S7410M	
17P1	G		A	AAZ15	OA5		
17P2	S		A	BA100			
17Z4			A	OAZ213			
17Z6		Z	A	OAZ202			
18J2	S		A	By100			
18P2	S		A	BA100			
18Z6		Z	A	OAZ203			
19P1	S		A	OA90	OA47		
19P2	S		A	OA200			
19Z6		Z	A	OAZ204			
20Z2		Z	A	OAZ205			
21Z6		Z	A	OAZ206			
22P1	S		A	BAY38			
22R2	S		A	BYX13/400			
22Z6		Z	A	OAZ207			
23J2	S		A	BYX10			
23R2	S		A	BYX13/600			
24J2	S		A	OA202			
24R2	S		A	BYX13/800			
25J2	S		A	OA202			
25J2	S		A	OA202			
25P1	S		A	AAZ15	OA5		
25R2	S		A	BYX13/1000			
26J2	S		A	OA202			
26P1	S		A	OA86			
26R2	S		A	BYX13/1200			
27J2	S		A	OA200			
28J2	S		A	OA200			
24Z6	S		A	BZY64			
34Z6A	S		A	BZY64			
35Z6	S		A	BZY58			
35Z6A	S		A	BZY58			
37Z6	S		A	BZY58			
37Z6A	S		A	BZY58			
38Z6	S		A	BZY59			
38Z6A	S		A	BZY59			
39Z6	S		A	BZY60			
39Z6A	S		A	BZY60			
40J2	S		A	BY100			
40P1	S		A	OA79			
40Z6	S		A	BZY61			

TYPE	1	2	3	EUROPEAN		AMERICAN	
40Z6A	S		A	BZY61			
41J2	S		A	BY100			
41P1	S		A	OA79			
41Z6	S		A	BZY62			
41Z6A	S		A	BZY62			
42J2	S		A	BY114			
42Z6	S		A	BZY63			
42Z6A	S		A	BZY63			
43P1	S		A	OA70			
44P1	S		A	OA79			
45J2	S		A	BA100			
45P1	S		A	OA202			
45P2	S		A	OA202			
46P1	S		A	OA79			
46P2	S		A	BA100			
7P2			A	OA200			
48P2	S		A	BA100			
50J2	S		A	OA214			
52Z4	S		A	BZZ14			
53Z4	S		A	BZY74			
54Z4	S		A	BZY75			
55Z4	S		A	BZY76			
56Z4	S		A	BZZ22			
57Z4	S		A	BZZ23	BZZ24		
57Z6	S		A	BZZ14			
58Z6	S		A	BZZ15			
59Z6	S		A	BZZ16			
60Z6	S		A	BZZ17			
60AC40		T	A			40920	T8440D
60AC60		T	A			40921	T8440M
61Z6	S		A	BZZ18			
62J2	S		A	BY100			
62R2	S		A	BY22			
62Z6	S		A	BZZ20			
64J2	S		A	BY100			
64R2	S		A	BYY24			
64Z6	S		A	BZZ21			
65J2	S		A	BY100			
65Z6	S		A	BZZ22			
66J2	S		A	BY100			
66Z6	S		A	BZZ23			
70A	G		A	OA7			
85P1	G		A	AAZ18			
0100	S		E	(BA108)			
100AC40		T	A			40920	T8440D
100AC60		T	A			40921	T8440M
0101	S		E	(BA104)			
0102	S		E	(BA105)			
104Z4		Z	A	OAZ200			
105Z4		Z	A	OAZ201			
106Z4		Z	A	OAZ202			
107Z4		Z	A	OAZ203			
108Z4		Z	A	OAZ204			
109Z4		Z	A	OAZ205			
0110	S		E	(BA108)			
110Z4		Z	A	OAZ206			
0111	S		E	(BA104)			
111Z4		Z	A	OAZ207			
0112	S		E	(BA105)			
112Z4		Z	A	OAZ213			
115Z4		Z	A	BZZ24			
205Z4		Z	A	BZZ14			
206Z4		Z	A	BZZ15			
207Z4		Z	A	BZZ17			
208Z4		Z	A	BZZ18			
209Z4		Z	A	BZZ19			
210Z4		Z	A	BZZ20			
211Z4		Z	A	BZZ21			
212Z4		Z	A	BZZ22			
213Z4		Z	A	BZZ24			
215Z4		Z	A	BZZ24			
0236	S		E	(SS1C1340)	(SS1D0440)		
0238	S		E	(SS1C1360)	(SS1D0460)		
0239	S		E	(SS1C1380)	(SS1D0480)		
0241	S		E	(SS1C1320)			

TYPE	1	2	3	EUROPEAN	AMERICAN
0242	S		E	(SS1C1320)	
0243	S		E	(SS1C1320)	
0245	S		E	(SS1C1340)	
0248	S		E	(SS1C1360)	
406Z4		Z	A	OAZ210	
409Z4		Z	A	OAZ212	
412Z4		Z	A	OAZ213	
456Z4		Z	A	BZY74	
459Z4		Z	A	BZY76	
0500	S		E	BAY45	
0501	S		E	BAY45	
0502	S		E	BAY46	
0503	S		E		(IN4004)
0504	S		E		(IN4005)
0507	S		E		(IN4006)
521–9165		V	A		TIL210*
521–9166		V	A		TIL210*
521–9167		V	A		TIL210*
521–9168		V	A		TIL210*
521–9168		V	A		TIL210*
0700	S		E		(IN4002)
0701	S		E		(IN4002)
0702	S		E		(IN4004)
0704	S		E		(IN4005)
0707	S		E		(IN4006)
0709	S		E		(IN4007)
0710	S		E		(IN4001)
745-0001		V	A		TIL310*
745-0002		V	A		TIL310
745-0003		V	A		TIL302
745-0004		V	A		TIL303
645-005		V	A		TIL304
745-0306		V	A		TIXL360*
1104		Z	E	(BZY83-D4V7)	
1104C		Z	E	(BZY83-C4V7)	
1105		Z	E	(BZY83-D5V6)	
1105C		Z	E	(BZY83-C5V6)	
1106		Z	E	(BZY83-D6V8)	
1106C		Z	E	(BZY83-C6V8)	
1107		Z	E	(BZY83-C7V5)	
1107C		Z	E	(BZY83-C7V5)	
1108		Z	E	(BZY83-D8V2)	
1108C		Z	E	(BZY83-C8V2)	
1109		Z	E	(BZY83-C9V1)	
1109C		Z	E	(BZY83-C9V1)	
1110		Z	E	(BZY83-D10)	
1110C		Z	E	(BZY83-C10)	
1111		Z	E	(BZY83-C11)	
1111C		Z	E	(BZY83-C11)	
1112		Z	E	(BZY83-D12)	
1112C		Z	E	(BZY83-C12)	
1113		Z	E	(BZY83-C13)	
1113C		Z	E	(BZY83-C13)	
1115C		Z	E	(BZY83-D15)	
1115C		Z	E	(BZY83-C15)	
1116		Z	E	(BZY83-C16)	
1116C		Z	E	(BZY83-C16)	
1118		Z	E	(BZY83-D18)	
1118C		Z	E	(BZY83-C18)	
1120		Z	E	(BZY83-C20)	
1120C		Z	E	(BZY83-C20)	
1122		Z	E	(BZY83-D22)	
1122C		Z	E	(BZY83-C22)	
1124		Z	E	(BZY83-C24)	
1124C		Z	E	(BZY83-C24)	
5506		Z	E	BZY83-C2V7	
5507		Z	E	BZY83-C3V0	
5508		Z	E	BZY83-C3V3	
5509		Z	E	BZY83-C3V6	
5510		Z	E	BZY83-C3V9	
5511		Z	E	BZY83-C4V3	
5512		Z	E	BZY83-C4V7	
5513		Z	E	BZY83-C5V1	
5514		Z	E	BZY83-C5V6	
5515		Z	E	BZY83-C6V2	

TYPE	1	2	3	EUROPEAN	AMERICAN	
5516		Z	E	BZY83-C6V8		
5517		Z	E	BZY83-C7V5		
5518		Z	E			
558V2						
5519		Z	E	BZY83-C9V1		
5520		Z	E	BZY83-C10		
5521		Z	E	BZY83-C11		
5522		Z	E	BZY83-C12		
5523		Z	E	BZY83-C13		
5524		Z	E	BZY83-C15		
5525		Z	E	BZY83-C16		
5526		Z	E	BZY83-C18		
5527		Z	E	BZY83-C20		
5528		Z	E	BZY83-C22		
5529		Z	E	BZY83-C24		
5530			E	BZY83-C27		
5531		Z	E	BZY83-C30		
5532		Z	E	BZY83-C33		
5533		Z	E	BZY83-C36		
8121		Z	A	OAZ213		
8121A		Z	A	OAZ213		
8560		Z	A	OAZ202		
8560A		Z	A	OAZ202		
9973		Z	E	(BZY83-C5V1)		
9974		Z	E	(BZY83-C6V2)		
40108		D	A		D1410F	
40108R		D	A		D1410FR	
40109		D	A		D1410A	
40109R		D	A		D1410AR	
40110		D	A		D1410B	
40110R		D	A		D1410BR	
40111		D	A		D1410C	
40111R		D	A		D1410CR	
40112		D	A		D1410D	
40112R		D	A		D1410DR	
40113		D	A		D1410E	
40113R		D	A		D1410ER	
40114		D	A		D1410M	
40114R		D	A		D1410MR	
40115		D	A		D1410N	
40115R		D	A		D1410NR	
40216		C	A		S6431M	
40266		D	A		D1102A	
40267		D	A		D1102B	
40378		C	A		TIC106B	
40379		C	A		TIC106D	
40429		T	A		T2700B	TIC226B
40430		T	A		T2700D	TIC226D
40431		T	A		TIC226B	
40432		T	A		TIC226D	
40485		T	A		T2600B	TIC226B
40486		T	A		T2600D	TIC226D
40502		T	A		T2710B	TIC226B
40503		T	A		T2710D	TIC226D
40504		C	A		S2710B	TIC106B
40505		C	A		S2710D	TIC106D
40506		C	A		S2710M	
40508		C	A		TIC106B	
40508		C	A		TIC116D	
40509		T	A		T2610B	TIC226B
40510		T	A		T2610D	
40511		T	A		TIC226B	
40512		T	A		TIC226D	
40525		T	A		T2300A	
40526		T	A		T2300B	TIC205B
40527		T	A		T2300D	
40528		T	A		T2302A	
40529		T	A		T2302B	TIC205B
40530		T	A		T2302D	
40531		T	A		T2310A	TIC205A
40532		T	A		T2310B	TIC205B
40533		C	A		T2310D	TIC106D
40534		T	A		T2312A	TIC205A
40535		T	A		T2312B	TIC205B
40536		T	A		T2312D	TIC205D

TYPE	1	2	3	EUROPEAN	AMERICAN	
40553		C	A		S3700B	TIC116B
40554		C	A		S3700D	
40555		C	A		S3700M	
40575		T	A		T4700B	
40576		T	A		T4700D	
40598		L	A		TIL23*	
40598A		L	A		TIL24*	
40638		T	A		T2620B	TIC226B
40639		T	A		T2620D	
40640		C	A		S3705M	
40641		C	A		S3706M	
40642		D	A		D2601 EF	
40643		D	A		D2601 DF	
40644		D	A		D2600EF	
40654		C	A		S2600B	TIC116B
40655		C	A		S2600D	TIC116D
40656		C	A		S2620B	TIC116D
40657		C	A		S2620D	TIC116D
40658		C	A		S2610B	TIC116D
40659		C	A		S2610D	TIC116D
40660		T	A		T6401 B	
40661		T	A		T6401 D	
40662		T	A		T6411 B	
40663		T	A		T6411 D	
40664		T	A		T2601 Df	TIC216D
40667		T	A		T2621 DF	TIC216D
40668		T	A		T2700B	TIC226B
40669		T	A		T2800D	TIC226D
40670		T	A		T2800M	
40671		T	A		T6401 M	
40672		T	A		T6411 M	
40680		C	A		S6420A	
40681		C	A		S6420B	
40682		C	A		S6420D	
40683		C	A		S6420M	
40684		T	A		T2313A	TIC205A
40685		T	A		T2313B	TIC205B
40686		T	A		T2313D	TIC205D
40687		T	A		T2313M	
40688		T	A		T6420B	
40689		T	A		T6420D	
40690		T	A		T6420M	
40691		T	A		T2301 B	TIC125B
40692		T	A		T2301 D	TIC205D
40693		T	A		T2316A	TIC205A
40694		T	A		T2316B	TIC205B
40695		T	A		T2316D	
40696		T	A		T2306A	TIC205A
40697		T	A		T2306B	TIC205B
40698		T	A		T2306D	TIC205D
40699		T	A		T6406B	
40700		T	A		T6406D	
40701		T	A		T6406M	
40702		T	A		T6416B	
40703		T	A		T6416D	
40704		T	A		T6416M	
40705		T	A		T6407B	
40706		T	A		T6407D	
40707		T	A		T6417B	
40708		T	A		T6417D	
40709		T	A		T6407M	
40710		T	A		T6407M	
40711		T	A		T6406B	TIC246B
40712		T	A		T6406D	TIC246D
40713		T	A		T6416B	TIC246B
40714		T	A		T6416D	TIC246D
40715		T	A		TIC246B	T4706B
40716		T	A		TIC246D	T4706D
40717		T	A		TIC236B	T4107B
40718		T	A		TIC236D	T4107D
40719		T	A		TIC236B	T4117B
40720		T	A		TIC236D	T4117D
40721		T	A		TIC226B	T2806B
40722		T	A		TIC226D	T2806D
40723		T	A		TIC216D	T2606DF

TYPE	1	2	3	EUROPEAN	AMERICAN	
40724		T	A		T2616DF	
40725		T	A		TIC226B	T2606B
40726		T	A		TIC216D	T2606D
40727		T	A		TIC226B	T2706B
40728		T	A		TIC226D	T2706D
40729		T	A		TIC226B	T2716B
40730		T	A		T2716D	
40731		T	A		TIC205B	T2616B
40732		T	A		T2616D	
40733		T	A		TIC226B	T2626B
40734		T	A		T2626D	
40735		C	A		S7430M	
40736		T	A		TIL24*	
40737		C	A		TIC116A	S6201A
40738		C	A		TIC116B	S6201B
40739		C	A		TIC126D	S6201D
40740		C	A		TIC126M	S6201M
40741		C	A		TIC116A	S6211A
40742		C	A		TIC116B	S6211B
40743		C	A		TIC126D	S6211D
40744		C	A		TIC126M	S6211M
40745		C	A		TIC116A	S6221A
40746		C	A		TIC116B	S6221B
40747		C	A		TIC126D	S6221D
40748		C	A		TIC126M	S6221M
40749		C	A		S6200A	
40750		C	A		S6200B	
40751		C	A		S6200D	
40752		C	A		S6200M	
40753		C	A		S6210A	
40754		C	A		S6210B	
40755		C	A		S6210D	
40756		C	A		S6210M	
40757		C	A		S6220A	
40758		C	A		S6220B	
40759		C	A		S6220D	
40760		C	A		S6220M	
40761		T	A		T2311B	TIC215B
40762		T	A		T2311D	
40766		T	A		T2301A	
40767		T	A		T2311A	
40768		T	A		S3701M	
40769		T	A		T2304B	
40770		T	A		T2304D	
40771		T	A		T2305B	
40772		T	A		T2305D	
40773		T	A		T2604B	TIC205B
40774		T	A		T2604D	TIC205D
40775		T	A		T4105B	TIC216B
40776		T	A		T4105D	TIC226D
40777		T	A		T41115B	
40778		T	A		T4115D	TIC226D
40779		T	A		T4104B	TIC236B
40780		T	A		T4104D	TIC236D
40781		T	A		T4114B	TIC236B
40782		T	A		T4114D	TIC236D
40783		T	A		T4103B	TIC246B
40784		T	A		T4103D	TIC246D
40785		T	A		T4113B	TIC246B
40786		T	A		T4113D	TIC246D
40787		T	A		T6405B	
40788		T	A		T6405D	
40789		T	A		T6415B	
40790		T	A		T6415D	
40791		T	A		T6404B	
40792		T	A		T6404D	
40793		T	A		T6414B	
40794		T	A		T6414D	
40795		T	A		T4101M	
40796		T	A		T4111M	
40797		T	A		T4100M	TIC253M
40798		T	A		T4110M	TIC253M
40799		T	A		T4121B	TIC236B
40800		T	A		T4121D	
40801		T	A		T4121M	

TYPE	1	2	3	EUROPEAN	AMERICAN	
40802		T	A		T4120B	TIC246B
40803		T	A		T4120D	TIC246D
40804		T	A		T4120M	TIC253M
40805		T	A		T6121B	
40806		T	A		T6421D	
40807		T	A		T6421M	TIC253M
40810		C	A		2N1595	
40811		C	A		2N1597	
40812		C	A		2N1599	
40833		C	A		S2600M	
40834		C	A		S2620M	
40835		C	A		2610M	
40842		T	A		T2801DF	
40867		C	A		S2800A	TIP116B
40868		C	A		S2800B	TIP116B
40869		C	A		S2800D	TIP116D
40870		C	A		S2800M	
40888		C	A		S3703SF	
40889		C	A		S3702SF	
40890		D	A		D2103SF	
40891		D	A		D2103S	
40892		D	A		D2101S	
40900		T	A		T2850A	
40901		T	A		T2850B	
40902		T	A		T2850D	
40916		T	A		T8430B	
40917		T	A		T8430D	
40918		T	A		T8430M	
40919		T	A		T8440B	
40920		T	A		T8440D	
40921		T	A		T8440M	
40922		T	A		T8450B	
40923		T	A		T8450D	
40924		T	A		T8450M	
40925		T	A		T6400N	
40926		T	A		T6410N	
40927		T	A		T6240N	
40937		C	A		S6400N	
40938		C	A		5410N	
40942		C	A		S2400A	
40943		C	A		S2400B	
40944		C	A		S2400D	
40945		C	A		S2400M	
409952		C	A		S6420N	
40956		D	A		D2540F	
40956R		D	A		D2540FR	
40957		D	A		D2540A	
40957R		D	A		D2540AR	
40958		D	A		D2540B	
40958R		D	A		D2540BR	
40959		D	A		D2540D	
40959R		D	A		D2540DR	
40960		D	A		D2540M	
40960R		D	A		D2540MR	
41011		T	A		T2851DF	
41014		T	A		T2500B	
41015		T	A		T2500D	
41017		C	A		S3800SF	
41018		C	A		S3800MF	
41019		C	A		S3800E	
41020		C	A		S3800S	
41021		C	A		S3800M	
41022		C	A		S3800EF	
41023		C	A		S3800D	
41029		T	A		T8401B	
41030		T	A		T8401D	
41031		T	A		T8401M	
41031		T	A		T8401M	
41032		T	A		T8411B	
41033		T	A		T8411D	
41034		T	A		T8411M	
41035		T	A		T8421B	
41036		T	A		T8421D	
41037		T	A			
43879		D	A		D2406F	

TYPE	1	2	3	EUROPEAN	AMERICAN	
43879R		D	A		D2406FR	
43880		D	A		D2406A	
43880R		D	A		D2406AR	
43881		D	A		D2406B	
43881R		D	A		D2406BR	
43882		D	A		D2406C	
43882R		D	A		D2406CR	
43883		D	A		D2406D	
43883R		D	A		D2406DR	
43884		D	A		D2406M	
43884R		D	A		D2406MR	
43889		D	A		D2412F	
43889R		D	A		D2412FR	
43890		D	A		D2412A	
43890R		D	A		D2412AR	
43891		D	A		D2412B	
43891R		D	A		D2412BR	
43892		D	A		D2412C	
43892R		D	A		D2412CR	
43893		D	A		D2412D	
43893R		D	A		D2412DR	
43894		D	A		D2412M	
43894R		D	A		D2412MR	
43899		D	A		D2520F	
43899R		D	A		D2520FR	
43900		D	A		D2520A	
43900R		D	A		D2520AR	
43901		D	A		D2520B	
43901R		D	A		D2520BR	
43902		D	A		D2520C	
43902R		D	A		D2520CR	
43903		D	A		D2520D	
43903R		D	A		D2520DR	
43904		D	A		D2520M	
43904R		D	A		D2520MR	
44001		D	A		D1201F	
44002		D	A		D1201A	
44003		D	A		D1201B	
44004		D	A		D1201D	
44005		D	A		D1201M	
44006		D	A		D1201N	
44007		D	A		D1201P	
44933					D2201F	
44934		D	A		D2201A	
44935		D	A		D2201B	
44936		D	A		D2201D	
44937		D	A		D2201M	
44938		D	A		D2201N	

Notes

Notes

Notes

Notes

Notes

Notes

Please note overleaf is a list of other titles that are available in our range of Radio, Electronics and Computer Books.

These should be available from all good Booksellers, Radio Component Dealers and Mail Order Companies.

However, should you experience difficulty in obtaining any title in your area, then please write directly to the publisher enclosing payment to cover the cost of the book plus adequate postage.

If you would like a complete catalogue of our entire range of Radio, Electronics and Computer Books then please send a Stamped Addressed Envelope to:

BERNARD BABANI (publishing) LTD
THE GRAMPIANS
SHEPHERDS BUSH ROAD
LONDON W6 7NF
ENGLAND